# 基础造型

# 108

# 秘诀

杨 柳　张子璇◎编著

吉林出版集团 | 吉林科学技术出版社

图书在版编目（CIP）数据

　　基础造型108秘诀 / 杨柳，张子璇编著. -- 长春：吉林科学技术出版社，2013.4
　　ISBN 978-7-5384-6573-0

　　Ⅰ. ①基… Ⅱ. ①杨… ②张… Ⅲ. ①个人－形象－设计 Ⅳ. ①B834.3

　　中国版本图书馆CIP数据核字(2013)第065686号

## 基础造型108秘诀

| | | | | | | | | | |
|---|---|---|---|---|---|---|---|---|---|
| 编　　著 | 杨　柳　张子璇 | | | | | | | | |
| 编　　委 | 张　旭 | 杨　柳 | 朴怡妮 | 张子璇 | 叶灵芳 | 崔　哲 | 杨　雨 | 赵　琳 | 安孟稼 | 李雅楠 |
| | 党　燕 | 张信萍 | 韩杨子 | 李春燕 | 刘　丹 | 王　斌 | 王治平 | 黄铁政 | 高　甄 | 刘　波 |
| | 刘辰阳 | 江理华 | 陈　晨 | 赵嘉怡 | 王超男 | 李　娟 | 杨　嘉 | 赵伟宁 | 王萃萍 | 何瑛琳 |
| | 张　颖 | 刘思琪 | 汪小梅 | 吴雅静 | 许　佳 | 姜　毅 | 周　雨 | 郑伟娟 | 康占菊 | 宋　磊 |
| | 程　峥 | 蔡聪颖 | 王　清 | 王　欣 | 王　杨 | 肖雅兰 | 张　健 | 高　原 | | |

出　版　人　李　梁
选题策划　美型社·天顶矩图书工作室（Z.STUDIO）张　旭
责任编辑　杨超然
封面设计　美型社·天顶矩图书工作室（Z.STUDIO）
内文设计　美型社·天顶矩图书工作室（Z.STUDIO）
开　　本　780mm×1460mm　1/24
字　　数　280千字
印　　张　8.5
版　　次　2013年4月第1版
印　　次　2013年4月第1次印刷

出　　版　吉林出版集团
　　　　　吉林科学技术出版社
发　　行　吉林科学技术出版社
地　　址　长春市人民大街4646号
邮　　编　130021
发行部电话/传真　0431-85677817　85635177　85651759
85651628　85600611　85670016
储运部电话　0431-84612872
编辑部电话　0431-85674016
网　　址　www.jlstp.net
印　　刷　长春新华印刷集团有限公司

书　　号　ISBN 978-7-5384-6573-0
定　　价　29.90元
如有印装质量问题可寄出版社调换

发型

美甲

## "找到简单的、适合自己特点的方法，突出个人风格"

把眼线画细长一些，突出单眼皮的魅力，而不去模仿双眼皮；将前发拧卷一下，露出漂亮的额头等，每位女性都有自己的特点，而懂得去欣赏自己，用最简单有效，最能展现个人风格的方式突出这些特点，才会变得更美、更有自信。

## "灵活调整，根据实际情况，让造型更有生命力"

肤质较好，只要准备一支遮瑕膏，而省掉粉底；喜欢长发，但蓬松地束一下，可以减少呆板感。找到实用的方法，才能让造型看上去不突兀。

## "造型是一个整体，妆容、发型、穿着等都要很好地配合"

印象好坏，首先取决于造型，而造型这门艺术，又是一个不可拆散的整体，无论哪部分出现问题，都可能功亏一篑。妆容与发型要搭配得当，还必须要考虑穿着等。

## "本书将帮助你找到适合自己的、完美造型的捷径"

造型并非墨守成规，但在发挥创意前，你必须掌握一些需要遵循的理论知识、造型建议与技巧，然后根据自己的实际情况来打理，才能得心应手，充分展现自己的特点。

化妆

服饰

目录

## 第3章 塑造平衡而精致的 基础眉唇妆 ········ 91

基础造型之
# 底妆秘诀

第 **1** 章

消除底妆烦恼的秘诀

# 调整肤质与肤色的
# 基础底妆

◎底妆讲究"薄透"和"无瑕",为减少粉底的用量,用饰底乳和遮瑕品提前均匀肤色和遮盖瑕疵。
◎巧妙运用"拍按""晕开"的手法,使粉底与肌肤充分贴合,并配合散粉定妆,呈现均匀亮泽的肤质。
◎根据脸部骨骼结构,配合腮红、高光粉和修容粉,利用光影作用不留痕迹地修饰出脸部的立体感。

修饰出均匀亮泽肤质

## 用**妆前底乳**打造**好气色**的无瑕肤质

妆前底乳可以修饰肌肤色泽的不均和黯沉，局部使用能使肌肤修饰得完美无瑕，呈现出晶莹透亮的自然光泽肤质，根据自身的肤色特点，选择合适颜色的妆前底乳，可以达到事半功倍的修饰效果。

### 基本涂抹方法

## 用指腹以点涂并晕开的方式涂抹，打造均匀轻薄的效果

◎介于白色与黄色之间的自然色系适用于全脸，可以用来改善肤色不匀及毛孔、细纹等问题。

◎在额头、鼻梁、两颊和下巴点涂妆前底乳，由内向外晕染均匀重点修饰内轮廓，两鬓部位一带而过即可。

a.矿物质隔离妆前霜。b.裸妆BB霜。c.光透持久饰底乳。d.妆前修护面霜。e.晶莹持久妆前乳。

### 基础技巧

■ 涂抹时，应趁没干时快速推开，一旦其变干、结块后就不易涂匀。如果担心用指腹涂抹时力度不够，易产生不服帖的妆感，不妨以海绵代替，且不用沾湿海绵，直接涂抹即可。妆前底乳并非遮瑕产品，除肤色妆前底乳外，其他颜色只在需要的部位使用即可。涂抹时，用量不宜过厚，否则会留下过度白皙、不自然的妆效。

**调节用量避免涂厚重**

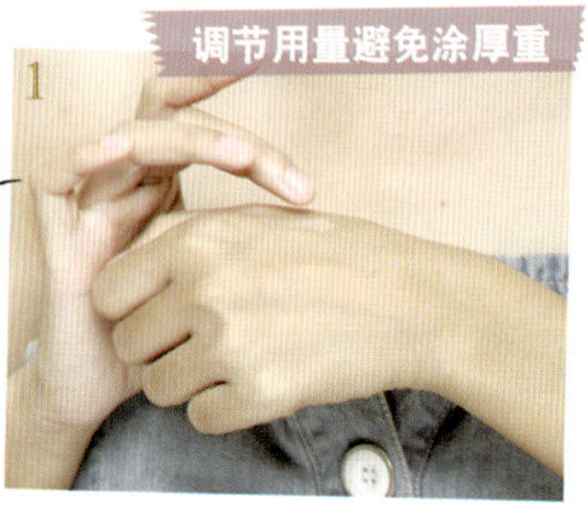

**蘸取**

在手背调整妆前底乳的用量

1. 将妆前底乳倒在手背上，边用指腹蘸取边涂抹，控制用量。脸部瑕疵较明显时，可以按4:1的比例调和遮瑕乳，提升遮盖力。

**按顺序点涂**

**点涂**

用指腹按顺序点涂

2. 基本的涂抹顺序按左图所示：脸颊1→额头2→眼周3→鼻部4→下巴5为顺序。用指腹蘸取妆前底乳点涂。

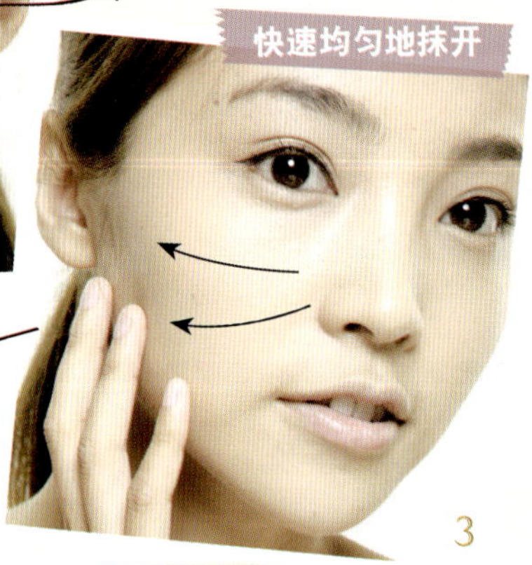

**快速均匀地抹开**

**涂匀**

由内向外涂抹开

3. 用中指及无名指指腹将刚刚点涂上的妆前底乳由内向外轻轻涂抹均匀，顺序为脸颊、鼻部、额头、唇周等部位。

**修饰**

局部增加用量

4. 黯沉等需要着重修饰的部位，可以重叠涂抹少量饰底乳，并用指腹按压均匀，减少后续粉底的用量。

**重点修饰瑕疵**

◎只在眼部重复涂抹妆前底乳，可以避免妆感厚重。
◎散粉不要整脸涂抹，只在眼部进行提亮。
◎化淡妆时，肤质较好的话就不用再涂抹粉底液，以获得轻薄感。
◎如果需要涂粉底，可以先将粉底液倒在手心，以1:1的比例调和妆前乳，打底过程更加便捷。

■ 配合高光散粉的使用
# 妆前底乳与高光粉的巧妙搭配，打造透明质感

◎用海绵从鼻梁向额头呈放射状涂抹妆前底乳，使T区呈现立体感。

◎易卡粉处通过轻轻按压，使底妆更加贴合。

◎眼周、唇周色素沉积处可少量添加用量，在打底时就遮盖，之后可以不再使用遮瑕膏。

## 均匀 推开妆前底乳

**晕开**
尽快将妆前底乳轻薄延展开
1.点涂后用海绵尽快将妆前底乳延展开，涂到鼻翼周围时，轻轻按压使底妆更贴合。

## 重点部位 重复按压服帖

**按压**
用按压的手法重点遮盖黯沉部位
2.用海绵块轻轻按压肌肤，使底妆更匀透，黯沉或泛红部位可以重复涂抹适量妆前底乳，用海绵块轻轻点压，有效遮盖。

## 蜜粉提亮 眼下三角区

**遮瑕**
下眼睑调整融合并用散粉提亮
3.用海绵块轻轻擦拭下眼睑，使眼周底妆与全脸融合，避免结块。最后用平头粉底刷在下眼睑扫上高光粉。

### 基础技巧
1.补妆时要避免涂厚。用棉棒蘸取少量乳液轻轻擦拭眼睛下方晕染开的眼妆及鼻翼周围泛油光部位，之后用海绵块蘸取少量妆前底乳修补脱妆部位。用棉棒局部修补是要点，可以避免用手指涂得过厚。

2.妆前底乳、BB霜等具有修饰、润色、隔离多效合一的底妆产品，虽然有一定的护肤功效，但并不能代替护肤品，所以打底前，最好先用化妆水、精华液做保养，使肌肤在润泽状态下再使用。

9

基础造型之
## 底妆秘诀
## 02

常见的妆前底乳种类
# 正确挑选妆前底乳的颜色
# 提亮并调匀肤色

妆前底乳都有提亮、调匀肤色，遮瑕、平整肌肤的作用，
它不同于粉底液，它是上粉底液之前的一道工序。
化淡妆时只需要使用妆前底乳就能呈现不错的肤色，
稍微重一点的妆容，妆前底乳也能很好地调理毛孔，让之后上的粉底也能
更好地推开，打造出自然更服帖的面部妆容。
不同颜色的妆前底乳具有不同的功效。

### 提升明亮度
## 珠光底乳
## 呈现健康光泽

◎让肌肤从底层透出微微光泽，
让五官更显立体。

→ 一般在上粉底前
使用，能够显现自然
光泽感。也可以和粉
底液、遮瑕霜等调和
使用，能增强底妆的
亮泽度。

→ 由于珠光有视觉
膨胀的作用，使用时
要小心添加的部位。

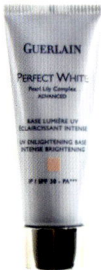

### 中和不良泛红
## 绿色底乳
## 解决问题肌肤

◎局部修饰皮肤泛红及敏感的皮
肤问题。

→ 使用时轻轻推抹
即可，对于较为严重
的泛红处，最好以轻
轻拍按的方式提升与
肤色的融合度。

→ 一般使用于局
部，并控制用量，避
免过量后，使肤色变
得泛白或泛青。

### 击退皮肤黯沉
## 蓝、紫色底乳
## 打造清透肤色

◎适合矫正黯沉、泛黄的肤色，使
肌肤显得白皙。

→涂抹后可以很好地
中和泛黄、黯沉肤色
的黄感，适合亚洲人
的肤色，可以让肌肤
会变得洁净透明。

→ 但是用量不宜过
多，可以用于两边鼻
翼外侧和唇角等局部
黯沉处。

### 均匀肤色
## 肤色底乳
## 带出自然柔和

◎适合东方人的基础色，修饰黑
眼圈及不均匀的肤色。

→ 作为修容的基本
色，可以中和肤色黯
沉感，带出明亮度
高、自然柔和的好气
色，同时消弭不匀称
的肤色。

→ 颜色深浅避免与
肤色色差过大，才不
会造成妆效不自然。

### 打亮局部
## 白色底乳
## 使轮廓更立体

◎修饰斑点、黯沉肤色，打造立
体的小脸妆容。

→ 白色妆前底乳可
以增加肤色的明亮
度、白皙度与透明
感，适合原本就白皙
的肌肤。

→ 肤色不够白皙的
话，可以局部用于T
字部位、颧骨或下巴
等处提亮。

### 营造粉嫩光彩
## 粉色底乳
## 增添红润气色

◎可以增加脸部红润度，适合惨白
无气色的肌肤。

→ 粉色妆前底乳最
主要的功效为修饰，
能够修饰斑点、黑眼
圈等问题，打造红润
的健康肤色。

→ 不适合在全脸使
用，应以双颊为修饰
重点，下巴也可少量
使用。

基础造型之
## 底妆秘诀
## 03

常见的粉底种类
# 用**适宜的粉底**
# 打造**自然的肤色与肤质**

想要底妆效果自然，粉底产品的选择很重要。
应综合考虑自身肤色、肤质等诸多因素，
粉底的水、油及粉的含量不同，遮瑕力与延展性也有所差异，
粉底霜的遮盖力最强，粉底液次之，粉饼有微弱的遮盖力。

---

■ 中性、偏干性
## 液状粉底
## 适合任何肤质

◎粉底液的质地像乳液，效果较自然，适合打造日常妆容，使用率高，对于初学者使用起来更顺手。

→ 含水量高，延展性较好，可以让底妆达到自然薄透效果。触感接近于乳液。
→ 适用于中性、偏干性肤质，更好地保留住肌肤的润泽质感。

| | |
|---|---|
| 遮瑕力 ★★★ | 持久度 ★★★ |
| 透明度 ★★★★ | 透明度 ★★★★ |

---

■ 油性、中性
## 凝露状粉底
## 适合健康肤质

◎质地清爽的无油配方，比较适合状态良好的肌肤，透明感强，可以呈现清透自然的妆容。

→ 含水量非常高，为质地清爽的无油配方。有的直接添加化妆水，使得妆效更加透亮。
→ 适合状况良好的肌肤。对于干性肌肤，则保湿度相对较低。

| | |
|---|---|
| 遮瑕力 ★★ | 持久度 ★★ |
| 透明度 ★★★★★ | 透明度 ★★★★★ |

---

■ 中性、干性
## 膏霜状粉底
## 适合偏干肤质

◎粉底霜的质地比液态厚重一些，遮盖力普遍比液状粉底好很多，最适合打造无瑕肤色。

→ 粉质与油质的含量比粉底液高，质地也更浓稠，有较好的遮瑕力与滋润感，具有光泽感。
→ 因油脂成分较高，非常适合干性与熟龄肌肤，但用量要适中。

| | |
|---|---|
| 遮瑕力 ★★★★ | 持久度 ★★★★ |
| 透明度 ★★★ | 透明度 ★★★ |

---

■ 偏油性肌肤
## 粉状粉底
## 使妆容持久

◎又称"定妆粉"，可以全面调整肤色，调整彩妆浓淡，打造自然妆容，并防止脱妆。虽然没有遮瑕效果，但可以提亮肤色，让皮肤看起来更通透。

→ 蜜粉较为薄透自然，几乎没有遮瑕力，与粉底搭配使用能起到定妆作用。
→散粉几乎没有遮瑕力，能吸收多余油脂，使妆容持久。

| | |
|---|---|
| 遮瑕力 ★ | 持久度 ★★★ |
| 透明度 ★★★★★ | 透明度 ★★★ |

---

■ 干性肌肤
## 膏状粉底
## 适合瑕疵肌肤

◎质地比粉底液和粉底霜和粉饼厚重，持妆效果最好，但是比较不透气，不适合油性或是年轻肌肤。

→ 油性成分较高，附着性、保水性好，持久性较好。但延展性较差，妆感较为厚重。
→ 与粉底液混合使用能避免干燥，适合浓妆使用。

| | |
|---|---|
| 遮瑕力 ★★★★★ | 持久度 ★★★★★ |
| 透明度 ★★ | 透明度 ★★ |

---

■ 一般肌肤
## 饼状粉底
## 可快速完妆

◎固体粉状的粉底，但粉底液与粉底霜效果更干一些。单独使用时可作为粉底来调整肤颜，与粉底结合使用时，起到定妆作用。

→ 粉饼是散粉压缩而成，起到定妆作用，比散粉贴合度好，控油效果也较好，但滋润度和光泽度不足。
→ 便于携带，可快速完妆，也适合补妆时使用。

| | |
|---|---|
| 遮瑕力 ★★ | 持久度 ★★★★ |
| 透明度 ★★★ | 透明度 ★★ |

基础造型之
**底妆秘诀**
**04**

3分钟的好肤质大变身
# 用**粉底液**轻薄打底
# 与**肌肤融合**更自然

质地像乳液的基本款粉底液，
延展性好，使用起来可以像涂保养品一样简单完成，
巧妙运用"拍按""晕开"的手法，使粉质与肌肤融合要自然。

**■ 基本涂抹方法**

## 用"晕开"与"拍按"的手法
## 涂抹粉底液，恰到好处地修饰肤质

◎在手背用指腹温度激活粉底液，再均匀涂开来控制粉底用量。
◎一般遵循的涂抹方向是以由内向外、由上向下为基本涂抹方向。
◎巧用粉扑以"轻按"的手法，使用粉底更贴合肌肤。
◎瑕疵处不需要使用遮瑕膏，用少量粉底液重叠涂抹，局部的反复叠加涂抹不易花妆。

**用指腹激活粉底液**  1

**激活**
用指腹边蘸取边涂抹
**1.** 取珍珠大小的粉底液，用指腹蘸取并轻轻按压，利用手指温度激活粉底液，可以使粉质更加贴合肌肤。

**分层向外涂抹**

**晕开**
用指腹向外侧分层推匀
**2.** 用指腹边蘸取适量粉底液边涂抹，以脸颊为中心，由上至下逐层向外侧轻抹均匀。移动指腹的同时伴随按压动作，逐渐淡开至轮廓线。

**用海绵按贴合**

2

a.三角形磨边海绵粉扑。b.无瑕莹露滋润粉底液。c.清新粉底液。d.轻盈柔润粉底液。e.矿物质粉底液。

3

**涂抹**
使粉底自然淡开
**3.** 按额头→眼部→鼻部→下巴的顺序，由内向外、由下向上涂抹均匀，额头处从中央向边缘涂开。

**按顺序涂匀**

**按压**
由内向外涂抹开
**4.** 用化妆海绵轻轻拍按全脸，这个动作有利于粉底轻薄均匀地与肌肤紧密贴合，并吸去多余油脂，提升底妆的持久性。

4

**■ 基础技巧**

1. 使用化妆棉上底妆的话，应在上粉底前先将化妆棉浸湿、拧干，为了防止化妆棉上的水分过多，造成糊妆，要用纸巾包住棉块轻压，吸去多余水分，再蘸取粉底涂抹，底妆会更贴合肌肤、持久不易脱落。

2. 用海绵轻轻按压粉体表面，全脸的蘸取量约为海绵的一半。由于涂抹粉底的地方会显得更突出，从想要提升亮度的地方开始涂，就能提升该部位的立体感。

① ②

◎选择比肤色暗一号的粉底液避免浮粉，并从宽阔部位向边缘自然地过渡。

◎提升脸部立体感对于东方人来说尤为重要，薄厚分区的涂抹手法，可将脸部轮廓自然展现出来。

◎由于涂了粉底的部位会显亮，要避免全脸均一涂抹。

■ 不均一地涂粉底

# 薄厚分区、自然过渡的手法，打造紧致轮廓、不易花妆

◎从脸颊向外侧轮廓晕开粉底的手法，使脸部显立体。

◎配合T区的提亮与脸部边缘的加深，自然展现立体轮廓。

薄涂区

过渡区

**从内向外过渡均匀**

**过渡**
从宽阔部位向边缘自然过渡

**1.** 大面积沿脸部轮廓向颈部晕开粉底，使边界自然过渡。鼻翼、眼角、唇周的细微部位用指尖调整均匀。

1

**鼻部肌肤的精细修饰**

**鼻部**
细节部位的调整使印象更完美

**2.** 鼻部易花妆，从两侧反复向中央涂几层，再由额头向鼻尖上下推抹开。反复涂抹鼻部，形成薄薄的膜。

**按压**
高光粉提亮下眼睑

**遮瑕**
下眼睑调整融合并用散粉提亮

**3.** 用海绵块轻轻擦拭下眼睑，使眼周底妆与全脸融合，避免结块。最后用平头粉底刷在下眼睑扫上高光粉。

2  3

**基础技巧**

1.眼周肌肤的细小纹理容易卡粉，导致涂抹不均或脱妆，涂粉底时先从脸颊的黑眼球外侧向边缘，顺肌肤纹理走向薄薄地推开粉底，再由黑眼球向鼻梁处推抹粉底，使底妆轻薄与肌肤贴合紧密。

2.涂粉底时，配合微笑的表情，顺肌肤弧度向外延展，使粉底与肌肤更贴合。涂抹时不要先点涂在整个脸部再推开，应用指腹边蘸取边上妆，更好调整用量。

1  2

富有光泽感的无瑕底妆

# 用**粉底霜**水润打底
# 带来**润泽的光感肤质**

比粉底液浓稠一些的霜状粉底，
偏油性，可以增加皮肤的光泽度并富有张力，
通过手指的轻薄涂抹，掩饰细纹与斑点，适合干性肌肤。

## 基本涂抹方法

### 用粉底刷横向和放射状
### 涂抹粉底霜，提升轻薄感和贴合度

◎以从上到下的方向横向涂粉底霜，再在脸颊部位呈放射状涂抹开。
◎用粉底刷的前端一半蘸取粉底霜，细节部位避免卡粉用刷头前端调整。
◎眼周、鼻翼、嘴角等容易卡粉的细节部位用刷头前端仔细调节。
◎涂抹粉底的地方会显得更突出，从想要提升亮度的地方开始涂，能够提升该部位的立体感。

**推抹**
均匀推按提升底妆遮盖力
**1.**将粉底霜涂抹在手背上，用指腹稍推开使之温热后，用指腹边由内向外均匀地将粉底霜推抹至整个脸部，同时轻轻按压，使粉底持久遮盖。

**用指腹推抹并按压**

**涂抹**
在眼下三角区横向涂抹粉底霜
**2.**用粉底刷的前端一半蘸取霜状粉底，在眼部下方三角区由内向外横向涂抹，两侧不要超过眉峰。

**横向刷开粉底**

**调整**
细微部分用刷头调整避免卡粉
**3.**利用刷头前端窄面刷涂眼部下方和鼻翼等细微部位，仔细刷匀细纹与凹凸部位，需要遮盖处用刷头重复涂抹，自然遮盖。

**用粉刷调均匀**

a.无瑕润泽粉底霜。b.滋养紧采粉凝霜。c.水凝粉底霜。d.高效遮取粉底霜。e.圆头粉底刷。

## 基础技巧

■粉底霜质地浓稠，如果沿脸部轮廓涂的话，很容易就涂厚了，先在额头、脸颊、下巴横向刷开，再从内向外呈放射状涂抹是要点。涂抹脸颊时要快速从脸颊向四周呈放射状转动刷头涂粉底霜。

**按压**
提升粉底贴合度
**4.**将双手搓热，用手掌轻轻按压整个脸部，让粉底与皮肤贴合得更加紧密，自然呈现均匀妆效。

**用手掌按贴合**

基础造型之
# 底妆秘诀
## 06

打造持续遮盖的光感底妆
# 用粉底膏细腻修饰
## 营造匀透的无瑕肌肤

油脂含量高的膏状粉底，在底妆产品中遮盖度最好，
质地较厚，不易脱妆，具有很好的遮盖效果与持久力，
可用于修饰全脸或局部肤色不匀、毛孔等瑕疵，打造无瑕肤色。
适合瑕疵明显的肌肤，或用于舞台妆容。

### ■ 1+1的神奇换肤术
## 用浸湿的化妆海绵边蘸取
## 边抹匀，提升膏状粉底的延展性

◎膏状粉底比粉底液和粉底霜的质地
都更为厚重，适合用浸湿的化妆海绵
一边少量蘸取一边涂抹。

◎涂抹时要注意朝一个方向小幅度边
按压边推开，如果来回推抹化妆海
绵，容易涂抹不匀导致卡粉。

a.弹性紧实粉底霜。b.无油遮瑕隔
离粉底膏。c.多用途粉底遮瑕棒。
d.水质感粉底膏。

#### ■ 基础技巧

■ 由于粉底膏的粉体比较干，涂抹前可
以先蘸取一些乳液，使海绵湿润，再蘸
取手背上的膏状粉底，改善膏体干燥状
态，增强膏体的延展性，避免膏体堆
积。膏状粉底
一般具备紧致
收敛效果，为
面部打造极佳
立体感，但妆
感稍显厚重，
不宜涂过度。

### 软化
将膏体涂在手背上进行软化

1.将膏状粉底涂在手背上，利用手的
温热软化膏体，增强其延展性，用浸
湿的化妆海绵少量多次蘸取。

#### 用湿海绵蘸取

#### 边轻拍边推开

### 加入轻拍的手法涂抹
用浸湿的化妆棉将粉底延展开

2.推抹时，从油脂分泌量较大的部位
开始推抹，避开眼窝部位，从眼窝下
方开始涂抹，避免积粉，涂抹时用轻
轻拍打覆盖的方式，不要用力擦。

### 调匀
细节部位用海绵按压均匀

3.不容易涂匀的眼周、鼻翼等肌肤不
平整的部位，用海绵的尖端轻轻按
压，将堆粉处调整均匀。

#### 按压细节部位

### 按压
用化妆海绵按压均匀

4.用化妆海绵轻轻地拍按涂有膏体
的部位，使粉底膏均匀地延展开，
与皮肤更加贴合。涂抹之后再在脸
部喷化妆水，使粉底更加服帖。

#### 用海绵按均匀

15

基础造型之
**底妆秘诀**
# 07

营造清爽持久的肌肤妆容
# 用**固体粉底细致遮盖**
# 塑造**持久**的细腻质感

固体粉底具有较好地修饰妆容的作用，
在涂抹遮瑕膏后，用化妆海绵蘸取固体粉底，
以滑动按压的方式涂抹，使妆容更加细致、持久。

■ **基本涂抹方法**
## 用**海绵**以**滑动按压**的方式
## 涂抹均匀，使底妆保持**长久清爽感**

◎干湿两用的粉饼适合配合化妆海绵来涂抹，可以将海绵进食后蘸取粉底涂抹，使底妆更加持久清爽。

◎鼻翼、T区、眼周是容易脱妆的部位，不用蘸粉，轻薄涂抹一层是使粉底持久的关键。

◎易脱妆的眼周部位，可以先用遮瑕笔顺肌肤纹理轻薄打底；如果涂抹粉底后出现眼皮卡粉或者白色痕迹，不要用海绵推抹，用棉棒轻转晕开粉末即可。

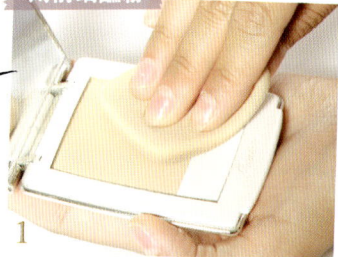

**用前端蘸粉**

**蘸取**
用海绵前端蘸取粉底控制用量
**1.**使用粉饼时，用化妆海绵前端1/2处蘸取粉底，可以有效避免蘸粉过多而造成的妆感过厚。

1

2

**轻按**
从脸颊向外轻轻按压粉底
**2.**用化妆海绵在脸颊部位由内向外边移动边进行按压，不要用力推抹并拉扯肌肤，以免造成妆面不均匀的现象，影响妆效。

4

a.净白盈采粉饼。b.炫亮粉饼。c.美白干事两用粉饼。d.轻盈透滑粉饼。

**边按压边涂抹**

3

**滑动、按压**
边滑动边按压涂抹
**3.**由脸颊向外呈放射状涂开，保持微笑，顺肌肤纹理边滑动边按压均匀。

**向外涂均匀**

**细节按压贴合**

**涂抹**
由内向外涂抹开
**4.**鼻翼、T区及眼周部位易脱妆，用化妆海绵上的余粉在脸颊及鼻部毛孔明显处，由上至下轻轻涂抹一层。鼻角和嘴角等细节部位容易堆粉，可以用化妆棉的尖角轻轻按压，使粉底充分贴合。鼻子下方也要仔细涂抹开。

**基础技巧**

**1.**脸部轮廓及发际线边缘部分要用化妆海绵均匀地轻轻晕染开，逐渐淡化粉底，使边界线自然过渡。

**2.**用化妆海绵涂抹完粉底之后，使用蜜粉刷轻刷几下全脸，可以扫除多余的浮粉，避免妆感厚重，使底妆看起来更为清透。

❶

❷

◎T区、脸颊毛孔粗大处易堆粉，粉底无法涂抹均匀，解决办法很简单，就是放弃使用粉扑，换用粉刷上妆，使粉雾轻薄，轻松避免粉末堵塞毛孔的现象。

◎使用粉刷涂抹时，用旋转刷头在脸部画圈的方式由上而下、由内而外刷匀全脸。

## 大粉刷使底妆更轻薄
# 用大号粉刷配合化妆棉均匀轻扫，呈现轻薄的雾状质感

◎眼部和唇周用海绵轻轻按压着上妆。眼周很容易被遗忘，不上粉会使眼部看起来暗淡无光。

◎从耳前方朝着下巴方向轻轻地涂抹开来。要想塑造美丽的侧影需修饰颈部与脸部的分界线，模糊明显界线。

**遮瑕膏**
**修饰黯沉肤色**

### 遮瑕
**使用粉饼前用遮瑕膏修饰瑕疵**

1.涂粉饼前用化妆棉前端蘸取少量遮瑕膏，在眼下、鼻翼、脸颊的瑕疵部分轻按遮盖，均匀肤色。

**用粉刷**
**营造通透质感**

### 轻刷
**用粉刷轻轻上粉底**

2.用粉刷蘸取粉饼后，从脸颊中心向轮廓大幅度轻刷粉底，不要用力按刷头、额头、鼻部、下巴、眼角等细节部位也要刷均匀。

**按压**
**使粉饼更轻薄**

### 按压
**瑕疵以外的部位**
**用海绵定妆**

3.肌肤状态较好的部位，用化妆海绵蘸取少量粉饼薄薄地按压均匀，使底妆更自然、轻薄。眼睑部分轻薄涂抹一层打底。

**基础技巧**

1.使用干湿两用的粉饼时，湿海绵容易蘸上过多粉底，蘸粉时可以用大拇指和中指捏海绵成弧形，边左右转动海绵边蘸粉，控制用量，使粉底能均匀地吸附在海绵上。

2.直接用刷毛蘸取粉饼的话，会因为蘸得多而造成粉越涂越厚。应将粉刷边旋转，边令毛刷毛呈放射状散开，使粉末进到刷毛的里面。涂抹前要将粉刷在纸巾上轻轻打圈，将刷头表面的多余粉末去除。

基础造型之
**底妆秘诀**
**08**

打造薄雾般的持久底妆
# 用粉状粉底自然定妆
# 与无瑕妆效更持久

用蜜粉或散粉定妆是完妆之前的最后一个环节，
定妆的成功与否关键看是否可以将散粉打得更加轻薄透明，
用粉扑轻按和蜜粉刷轻扫的方式配合刷涂，可以打造更自然通透的效果。

## ■ 基本涂抹方法
## 以"按压"和"轻扫"的手法
## 均匀定妆，打造通透粉雾感的底妆

◎定妆粉的用量要越少越好，千万不要为了遮盖毛孔和油腻而过厚地涂抹涂，会使妆感厚重并出现卡粉现象。
◎采用拍按的方式上粉，可以让颗粒渗入到肌肤当中，能够提高蜜粉在皮肤上的附着度，使妆感更加贴合。
◎粉扑和粉刷的上妆顺序基本相同，都是从眼下三角区开始向其他部位以及T字区域扩散；对于混合性肌肤，也可以只在T区进行定妆。

a.修容蜜粉饼/定妆散粉。b.亮颜蜜粉。c.修容蜜粉。d.定妆散粉。e.平头散粉刷。

**蘸取**
去除粉扑上的多余粉末
**1.**用粉扑蘸取散粉后，要用手指轻弹粉扑，以去除多余散粉，避免用量过大而造成卡粉。

**弹除多余粉末**

**边按压边涂抹**

**拍按**
少量多次轻轻拍按全脸
**2.**用粉扑定妆时，先从面积较大的脸颊部位开始轻轻拍按，然后在额头、T区、下巴部位轻轻拍按，避免堆粉、结块。

**轻扫**
在额头、T区和脸颊扫上蜜粉
**3.**用蜜粉刷蘸取少量蜜粉，先从额头部位开始，向T区轻扫，鼻部下方也要轻刷均匀。然后用蜜粉刷上的剩余粉末在脸颊部位轻扫，在下巴和脸颊部位也要轻扫上蜜粉。

**整体轻刷蜜粉**

## ■ 基础技巧

■ 用于定妆的蜜粉刷通常应使用柔软、刷头较大的圆形刷头的蜜粉刷。在鼻翼、眼周及脸部轮廓线等细节部位，更适合使用宽扁形刷头的蜜粉刷，可避免破坏底妆。

**调整透明度**

**抛光**
轻扫掉多余浮粉
**4.**用蜜粉刷轻扫鼻翼周围、嘴角容易堆粉的部位，消除浮粉，使妆感更清透。

◎在使用珠光散粉前，即使是不明显的瑕疵也一定要用遮瑕膏进行遮盖，否则珠光光泽会使瑕疵更加突出。
◎涂抹珠光散粉的部位会显亮，避免全脸涂抹，重点提亮三角区、T区和下巴即可。
◎对折粉扑轻揉去除多余粉末，控制珠光散粉的用量。

**加入珠光散粉提亮**

# 配合遮瑕膏和珠光感散粉
# 赋予底妆自然柔和的光泽感

◎从脸颊部位向外侧轮廓晕染开粉底的手法，使脸部更显立体。

◎配合T区的提亮与脸部边缘的加深，自然展现立体轮廓。

**遮瑕膏 修饰黯沉肤色**

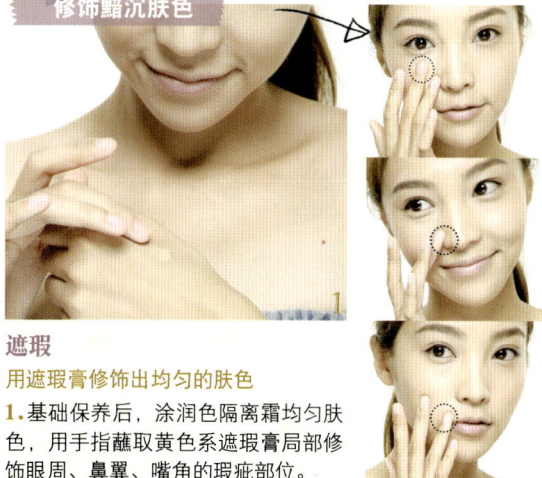

**遮瑕**
用遮瑕膏修饰出均匀的肤色
1. 基础保养后，涂润色隔离霜均匀肤色，用手指蘸取黄色系遮瑕膏局部修饰眼周、鼻翼、嘴角的瑕疵部位。

**珠光粉 营造通透质感**

**提亮**
用粉扑蘸取珠光粉提亮底妆
2. 用粉扑蘸取少量的珠光粉，从内侧开始向外均匀地轻按全脸，重点提亮区域为眼下三角区、T区、下巴。

**粉饼 打造无瑕肌肤**

**柔化**
薄薄地涂抹粉饼
3. 蘸取粉饼从脸颊开始薄薄涂匀，淡淡地柔化了珠光粉的亮度，令肌肤呈现自然通透的水润质感。

**基础技巧**

1. 与用海绵打底相比，刷子涂粉饼会使妆效更轻薄，在修饰鼻翼、脸部雀斑等容易花妆或需要遮盖的部位时，要用海绵轻轻按压，遮盖效果会更好。

2. 用蜜粉刷蘸取粉饼，以画圈的方式轻刷全脸，鼻翼、嘴角的细节部位也要用粉刷扫匀粉底。使用蜜粉刷时，要由上而下，由内而外匀刷全脸。

## 底妆的细节打理
# 选择适宜的遮瑕品
# 使底妆更显无瑕净白

对于有黑眼圈、痘痘或者斑点等瑕疵的面部，
如果想打造清透底妆，在涂抹粉底前一定要做好基础的遮瑕，
选择适合的遮瑕品，配合正确的遮瑕手法，即可打造无可挑剔的白净肌肤。

### ■ 固体遮瑕品的涂抹方法
## 遮盖效果强而持久的固体遮瑕品
## 便于携带，巧妙地修饰不同瑕疵部位

◎质地浓稠，与其他种类的遮瑕品相比，含水量较低，延展性较差。其中，含水量越高，保湿力与延展力越好，含水量越低，遮瑕力越高，透明度相对降低。

◎靠体温软化后，膏体延展力增强，更易推开。用指腹或海绵以轻拍的方式涂抹，1～2分钟后再上粉底，用于蜜粉或粉底液之前。

**适用于痘痘、色斑、黑眼圈、毛孔**

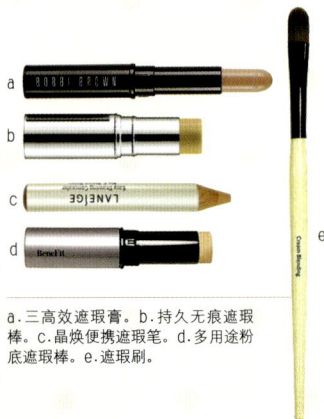

a
b
c
d
e

a.三高效遮瑕膏。b.持久无痕遮瑕棒。c.晶焕便携遮瑕笔。d.多用途粉底遮瑕棒。e.遮瑕刷。

**基础技巧**

■遮瑕产品与化妆工具相互配合，可以呈现更加完美的遮瑕效果。用质地细腻的海绵轻轻拍按遮瑕部位，至遮瑕膏与肤色自然融合，使效果更自然。针对某些瑕疵部位时，不要直接使用遮瑕棒，用遮瑕刷蘸取膏体再涂抹。

### 色斑
### 直接用遮瑕棒配合海绵涂抹
**1.**用遮瑕棒直接边按压色斑部位边涂抹，轻轻向色斑周围延展开，然后用海绵轻按遮瑕部位，加强服帖度。

1

### 痘痘
### 蘸取少量膏体点涂在痘痘部位
**2.**用遮瑕刷边蘸取少量遮瑕膏边点涂在痘痘处轻薄遮盖，然后再用遮瑕刷从泛红处开始，呈放射状将遮瑕膏延展开，与痘痘周边肤色相融合。

2

### 黯沉
### 用遮瑕刷呈条状涂抹遮瑕膏
**3.**用遮瑕刷蘸取遮瑕膏，从眼角开始向眼尾方向，沿下眼睑的黯沉部位，斜向下描画几条弧线，然后用海绵的一角轻轻拍按遮瑕上方，提升轻薄妆效。

3

### 毛孔
### 用指腹由上向下涂抹
**4.**将遮瑕膏点涂在毛孔粗大部位，然后用指腹由下向上轻按遮瑕部位，使膏体贴合肌肤。

4

a.眼部专用遮瑕膏。b.遮瑕膏组合。c.三色遮瑕盘。

◎触感柔和，融合度好，具有固体与液体遮瑕品的共性。
◎柔滑质地可填补肌肤不平。
◎膏状质地在晕开时容易偏干，可以和少量粉底液混合使用，减少肌肤负担。

### 蘸取

**蘸取适宜肤色的遮瑕膏**

1.用遮瑕刷蘸取深浅不同的遮瑕膏，调和出适合遮瑕部位的颜色。

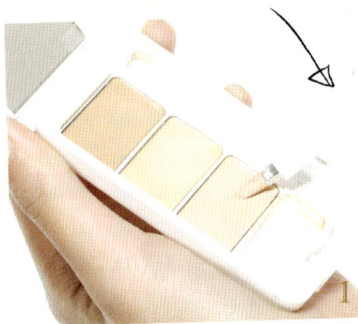

### ■ 膏状遮瑕品的涂抹方法

# 膏状遮瑕品配合遮瑕棒，遮盖明显色斑与雀斑

**适用于色斑、黑头、色素沉积、黑眼圈、红血丝**

### 晕开

**呈放射转状将遮瑕膏晕开**

3.用指腹或棉棒沿涂遮瑕膏的轮廓处，呈放射状向四周晕染开，直到色调与肤色融合。

### 点涂

**用遮瑕棒点涂遮瑕品**

2.用遮瑕棒一点点蘸取遮瑕膏按压色斑部位，略大于瑕疵轮廓涂抹，并向色斑周围稍微延展开。

---

### ■ 液状遮瑕的涂抹方法

# 质地柔滑、贴合肌肤的乳霜状遮瑕品修饰细小纹理，自然修容

**适用于黑头、色斑、细纹、眼周黯沉**

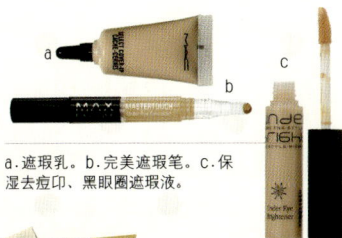

a.遮瑕乳。b.完美遮瑕笔。c.保湿去痘印、黑眼圈遮瑕液。

**基础技巧**

■ 液状遮瑕产品能深入细小部位，抚平纹路，修饰黑头、毛孔不平的问题。用遮瑕棒蘸取遮瑕膏沿鼻翼瑕疵部位点涂，在毛孔凹凸周围要重用遮瑕膏遮盖。

◎延展性好，润泽度高，脆弱的敏感肌也能使用，能矫正、提亮肤色，但是遮瑕力不如固体和膏状遮瑕品。常见的有蘸取型和笔型两种。
◎在涂抹液体遮瑕品后，应稍待1～2分钟后，稍待水分挥发后用指腹晕开，防止堆积。液体遮瑕品具有高光效果，在T区涂抹可以使妆容更加立体。

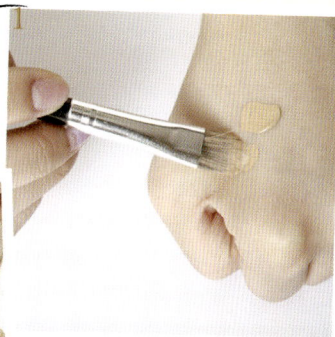

### 提亮

**将遮瑕品涂抹在黯沉处**

1.涂抹前用遮瑕刷先在手背上调整用量。提亮的部位用笔刷呈线条状涂开。眼袋的色素沉淀处、T区的黑头处可以反复涂抹。

### 晕开

**呈线状涂抹后待1～2分钟晕开**

2.等1～2分钟水分挥发一部分后用指腹轻轻向四周均匀晕开，肤色看起来更显明亮。

基础造型之
**底妆秘诀**
**10**

**面部的基础遮瑕**

## 修饰**毛孔**与**黯沉**
## 重塑均匀肤质与肤色

毛孔粗大与肤色不均是常见的面部瑕疵问题，
使用含有二氧化硅成分的遮瑕膏和具有调色功效的遮瑕产品，
可以轻松应对凹凸不平和色调不均的不良肤质与肤色，还原优质美肌。

■ **遮盖粗大毛孔**
### 遮瑕膏与珠光蜜粉相互搭配
### 填平粗大毛孔与细纹，还原完美肌肤

◎对于毛孔较明显的肤质，在打底时，可以使用含有二氧化硅成分的毛孔遮瑕产品，与珠光效果的粉底或蜜粉来填平脸颊或鼻部周围的毛孔。
◎用画小圈的方式涂抹毛孔遮瑕品，可以轻松将膏体填入粗大毛孔中。
◎利用珠光蜜粉的光反射作用，可以去除凹凸感，使毛孔隐形。

**涂抹**
由内向外涂抹毛孔隐形膏
**1.**选择含有二氧化硅的产品，用指腹蘸取并由内向外、由上向下以打小圈的方式顺毛孔方向涂抹开。

**1**

**顺毛孔涂抹**

**填补不平**

**2**

**3**

**按压贴合**

**按压**
用海绵轻压均匀
**3.**用海绵的边缘轻轻按压，使遮瑕膏与周围自然过渡，更贴合肌肤。

**遮瑕**
重复涂抹重点遮瑕部位
**2.**毛孔较明显的地方，可以用遮瑕刷再蘸取少量遮瑕膏，将刷头竖起呈90°点涂毛孔处，填补不平处。

a.透肌蜜粉。b.修饰遮瑕膏。c.高效遮瑕膏。d.去纹柔肤遮瑕液质膏。

**轻按**
珠光蜜粉修饰毛孔
**3.**用化妆海绵蘸取含珠光粒子的粉底液或蜜粉，在遮瑕部位轻轻按压，利用反光原理让毛孔隐形。

**4**

**用蜜粉修饰**

◎具有润色功能的饰底乳通过色调中和的远离矫正肌肤问题，比涂抹遮瑕膏效果更轻薄，同时可以减少后续粉底的用量。

◎粉色、绿色和紫色是饰底乳的常用色，根据局部肤色选择适宜的色调是关键。

**■ 调整肤色不均**

## 根据局部瑕疵的色调选择饰底乳，调整不均匀肤色

**粉色**
**使黯沉肤色隐形**

◎对付泛青的黑眼圈和血管应用偏黄色调；绿色对付泛红的痘痘和红血丝效果很好；泛褐的斑点和黯沉则用靠近肤色的遮瑕品。

◎干燥的粉质遮瑕膏盖黑眼圈、眼袋容易出现细纹或龟裂的窘况；相反，青春痘部位，滋润的产品难以附着。

**修饰黯沉部分**
**粉色妆前乳改善眼部黯沉**
**1.**取绿豆大小的粉色妆前乳，也可以与同比例的粉底混合，涂在下眼睑用指腹轻拍，之后用海绵按压紧实。

**绿色**
**中和泛红肤色**

**光感**
**提升整脸亮度**

**修饰泛红部位**
**绿色妆前乳遮盖泛红面颊**
**3.**将绿色妆前乳涂抹在面颊易泛红的区域，直接用指腹轻轻拍开，晕开，避免过多的刺激肌肤，导致泛红。

**全脸修饰**
**用粉饼或蜜粉改善无血色肌肤**
**2.**趁妆前底乳还保有水分前，用化妆棉在全脸轻轻拍按光感粉饼或蜜粉，眼下黯沉明显的部位，可以再重叠按压一层粉色蜜粉提升光泽感。

**基础技巧**

■ 利用底妆颜色的微妙变化调整肌肤的基底色，掌握局部使用调控色的诀窍，挑对颜色，妆感就不会显得厚重，如用黄色修正泛红的两颊，用粉色调整红润感。

① **蜜桃色：** 使肤色自然均匀，更加红润。介于黄色和粉色间。

② **粉红色：** 修饰苍白、斑点肌肤，增加红润度，适用于脸颊部位。

③ **偏黄色：** 适合亚洲人的颜色，有修饰黑眼圈、斑点及不匀肤色的作用。

④ **绿色：** 修饰敏感肌肤问题，以轻轻拍按的方式提升与肤色的融合度。

⑤ **蓝紫色：** 适合矫正黯沉、泛黄的肤色，使肌肤显得白皙、清透。

⑥ **珠光色：** 饰底乳中的珠光微粒具有折射效果，可以将毛孔与细纹隐藏起来。

点状瑕疵的遮盖
# 遮盖痘痘与斑点
# 使肌肤瑕疵快速隐形

无法快速消除的痘痘和斑点等肌肤问题，
可以用遮盖的办法来解决，点状涂抹遮瑕膏，
再用合适的工具进行使当地晕染，使之与周边肌肤更加自然地融合。

### ■ 遮盖红肿痘痘
## 饰底乳、遮瑕液与遮瑕膏的
## 叠加涂抹，让泛红痘痘快速隐形

◎先用绿色的饰底乳涂抹痘痘部位，可以中和痘痘的泛红色调，减少后续遮瑕膏的用量。

◎对于泛红的痘痘，建议选择使用绿色或黄色的遮瑕液，可以更加有效地遮盖。

◎在遮瑕膏中加入少量乳液，充分混合均匀后使用，这样遮瑕后会比较滋润，不容易出现卡粉的问题。

a. 晶莹持久妆前乳。b. 脸部遮瑕乳。c. 纯米遮瑕液。d. 多用途粉底遮瑕棒。e. 遮瑕刷。

**双色遮盖痘痘**

**修饰**
**遮瑕前先用饰底乳进行矫正**
**1.** 先轻抹绿色饰底乳矫正痘痘部位的泛红肤色，然后将黄色遮瑕液点涂在痘痘中央部位。

**黄色矫正肤色**

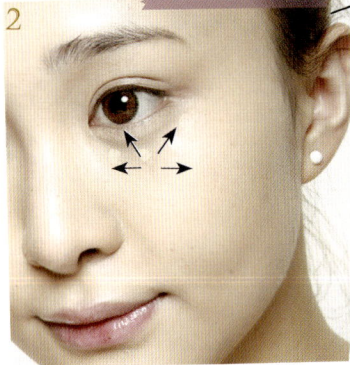

**晕开**
**延展开遮瑕液均匀肤色**
**2.** 黄色的遮瑕液可以矫正泛红的肤色，用棉棒轻轻将遮瑕液向痘痘的周围延展均匀，使遮瑕处的颜色与肤色过渡自然。

**轻刷均匀**

**遮盖**
**用遮瑕膏重叠遮盖**
**3.** 用遮瑕刷蘸取比肤色深的遮瑕膏从痘痘边缘向内侧涂匀，注意用量要少，否则容易堆粉。

### 基础技巧

■ 在处理痘痕时，先用具有消炎、净化作用的保湿化妆水湿敷几分钟，软化肤质，使遮瑕膏更易延展贴合。然后用遮瑕刷蘸取遮瑕膏，薄薄地轻压在痘痕处，最后轻拍上蜜粉定妆。

**蜜粉提升透明感**

**定妆**
**轻按蜜粉定妆**
**4.** 用化妆海绵蘸取蜜粉或粉饼轻轻按压遮瑕部位进行定妆，提升肌肤质感并使妆效更持久。

## ■ 遮盖恼人斑点
# 点涂遮瑕膏并适度刷匀
# 持久修正脸颊处的色斑和粉刺

◎修饰色斑和粉刺等呈圆点妆的瑕疵时，使用固体遮瑕产品的遮盖效果最好。

◎具有延展性的棒状遮瑕膏遮盖力较强，直接使用就可以轻松遮盖住明显的斑点。

◎色斑较为明显时，涂抹遮瑕膏后不要用指腹晕开，使用遮瑕刷呈放射状晕染遮瑕膏的边缘，可与周围肤色更好地融合，又不会降低遮瑕力。

◎如果没有笔状遮瑕膏，用细刷涂抹遮瑕膏也可以。涂抹时要像画圆圈一样，要大于小斑点部位的范围涂抹。

◎遮瑕后用棉棒轻轻晕开，避免涂抹遮瑕膏的部位与周围形成明显的界线。

**遮瑕膏
点涂瑕疵部位**

### 点涂
**在色斑处点涂遮瑕膏**
1. 直接用棒状遮瑕产品，在比色斑区域略大的范围，呈点状涂抹，或者用棉棒蘸取遮瑕产品，点涂在色斑处。

1

**晕染至
与周围肤色融合**

### 晕染
**用遮瑕刷将膏体晕染均匀**
2. 用遮瑕刷沿着色斑轮廓呈放射状晕开，与周围肌肤融合，面积较大的色斑部位，用化妆海绵轻拍融合。

2

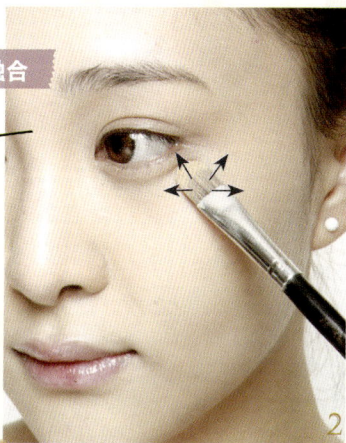

**定妆并
调整局部妆色**

### 轻按
**按压蜜粉重复遮盖**
3. 用化妆海绵蘸取蜜粉，轻轻按压在遮瑕部位，使矫正后的局部妆色与周边肤色自然过渡，并有效防止脱妆。

CARSLAN

**基础技巧**

■遮瑕时最好使用有端角的工具，如扁头刷、尖头棉棒、三角形海绵棒、三角形海绵块，以避免大面积涂抹遮瑕膏使粉底变为糊状，还能顾及细小及边缘部位。遮瑕后用棉棒轻轻晕开，避免涂抹遮瑕膏的部位与周围形成明显的界线。

基础造型之
**底妆秘诀**
**12**

鼻、唇部的精细遮瑕
# 修饰鼻部与唇周
## 塑造**零瑕疵**的肌肤细节

鼻部与唇周是较容易出现黯沉和瑕疵的部位，
选择饰底乳、遮瑕膏以及窄边海绵等工具，配合科学的遮盖手法，
轻松解决鼻、唇周的毛孔、粗糙和黯沉的问题，使遮瑕细节无遗漏。

**修饰唇周瑕疵**
## 沿嘴角轮廓画线遮盖黯沉
## 还原均匀肤色，突显清晰轮廓

◎唇周遮瑕有利于凸显更清晰的唇部轮廓，对于打造完美唇妆至关重要。
◎对于嘴角黯沉，先用遮瑕膏提亮，否则即使使用鲜艳的颜色也会显脏。
◎用比肤色浅一些的遮瑕笔呈圆弧形涂嘴角周围，并用指腹由外向内涂匀，再涂唇膏就不会显得嘴角的唇色黯沉。

a.鱼子酱唯美遮瑕霜。b.毛孔遮盖脸部底霜。c.清新粉底液。d.零毛孔遮瑕膏。e.完美遮瑕笔。

**基础技巧**

一般在涂抹粉底液前使用遮瑕产品，点涂并晕开后待两分钟再上粉底是要点。如果这时发现遮瑕膏出现脱妆状况，上粉底时就要一点点仔细进行，或涂一层粉底，再重复涂一层遮瑕产品，之后用海绵轻按服帖。

**遮盖唇周斑点** 1

**点涂**
在色斑处点涂遮瑕膏
1.用遮瑕刷蘸取遮瑕霜在嘴角及唇部下方黯沉部位涂几个点，然后用指腹向两侧均匀推抹开。

2

**按匀**
遮瑕部位用海绵轻按均匀
2.沿唇周点涂遮瑕部位，向两侧延展开，边轻按边快速均匀晕开。

3

**由内向外晕匀**

**轻按**
呈"く"形勾勒嘴角并晕开
3.用遮瑕刷沿嘴角勾勒线条，不要紧贴唇部，以免晕不开，靠唇廓外缘勾画，再用指腹一点点涂抹均匀。

**画线遮盖黯沉**

**按压**
提升粉底与肌肤的融合度
4.用海绵的前端轻压唇周的遮瑕部位，使遮瑕膏融合更均匀。

4 **按压贴合**

26

**■ 修饰鼻部瑕疵**

# 妆前乳与遮瑕膏进行调和
# 以轻压的方式修饰鼻部粗大毛孔

◎用修饰毛孔底霜与遮瑕膏，针对粗大毛孔进行遮盖，效果自然加倍。

◎用粉底刷涂抹含细微珠光粒子的蜜粉，可以打造出贴合肌肤的均匀妆效，并带给肌肤微微的光泽感。

◎若选择用海绵涂抹粉饼，建议将海绵对折，前端尖的折角反复轻压，可以更精准地将粉加入在指定位置。

◎遮瑕效果较好的固体遮瑕棒，其膏体具有较好的附着力，适合遮盖侧大的毛孔。

◎遮瑕液的延展性较好，柔滑的质地能适应唇部频繁的肌肉活动，更容易与肌肤持久贴合。

**修饰
鼻部周围瑕疵**

**调和**
调和妆前底乳与遮瑕霜

**1.** 将妆前底乳与遮瑕霜按1:1的比例调和，用指腹由下向上按压涂抹。对于较粗大的毛孔，可以直接用遮瑕棒进行修饰。

1

**按压
提升融合性**

**拍打**
用拍打的方式加固遮瑕区域

**2.** 鼻头处用指腹边轻轻拍按，边将遮瑕膏涂抹均匀，并用指腹按压遮盖部位，促进融合。

2 3

**蜜粉
调整平滑度**

**平肤**
轻扫蜜粉使肌肤更平滑

**3.** 用蜜粉刷蘸取适量含有珠光粒子的蜜粉，轻扫在全脸，使底妆显得更加通透、平滑。用海绵前端轻压，并用指腹轻轻按压鼻部，促进粉底与肌肤融合。

**基础技巧**

■ 修饰鼻翼两侧的黑头与泛红，用指腹在需要遮盖的部位用按压方式涂抹粉底液。涂粉饼时，用海绵折角反复轻压，再用散粉按压防脱妆。使用水分充足的粉底液时，先搽遮瑕膏再推粉底液，很容易将刚遮瑕的部分破坏掉。使用粉饼打底时，如果将遮瑕膏涂在粉底上，会出现浮妆现象。

基础造型之
**底妆秘诀**
**13**

眼周肌肤的遮瑕
# 遮盖黑眼圈与眼袋
# 塑出眼周的明亮肤色

眼部肌肤黯沉会大大影响眼妆甚至整个妆容的效果，
选择适合自身肌肤的遮瑕品，通过描画、晕染、提亮等技巧，
轻松消除黑眼圈、眼袋等眼周肌肤的黯沉问题。

**基本遮盖方法**
## 橘色遮瑕膏和分界处的
## 画线遮盖，黑眼圈和眼袋自然隐形

◎黑眼圈和眼袋通常为青色或者褐色，需先进行肤色矫正，可以用黄色或橘色中和黯沉色。

◎画线遮瑕是指在黑眼圈与脸颊分界的地方用遮瑕笔描画线条并推抹均匀，进行稍稍遮盖，效果最自然。

◎用接近肤色的浅色进行第二次遮盖，才能使被遮掉的黑眼圈不会显得突兀；蜜粉的修饰既提亮局部，又能使遮瑕效果更为持久。

**1**

**涂抹**
橘色与肤色遮瑕膏搭配遮盖
**1.** 先用橘色遮瑕膏点涂在黑眼圈处并均匀抹开，遮瑕范围不要过大，第二层再涂肤色遮瑕膏。

**遮盖**
粉底与蜜粉修饰遮瑕部位
**2.** 蘸取粉状粉底，从眼角向眼尾在遮瑕部位轻刷，再用粉扑将蜜粉大面积轻扑在眼下至脸颊部位提亮。

**2**

a. 保湿去痘印、黑眼圈遮瑕液。b. 紧致修护遮瑕霜。c. 完美遮瑕笔。

**晕染**
描画线条并涂抹均匀
**3.** 用遮瑕液在眼袋下方的凹陷处描画一条线条，然后用指腹从内向外一边轻拍一边晕染均匀。

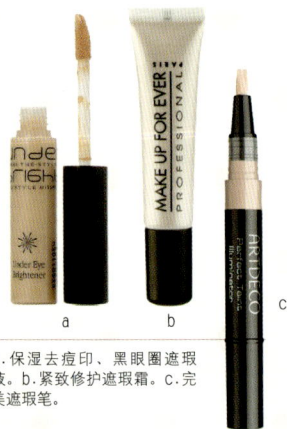

**3**

**提亮**
用珠光蜜粉提亮
**4.** 用粉刷在眼袋下方轻扫上粉饼，然后将带有珠光感的蜜粉扫在眼袋下方提升明亮度，消除黯沉感。

**4**

**基础技巧**

1. 遮盖范围不要过大延展开，遮盖住黑眼圈即可。第一层遮瑕范围不要过大，以遮盖住黑眼圈为准，第二层遮盖范围可以比第一层大一些，与周围的肤色自然过渡。

2. 针对黯沉出现的部位需要使用不同调整遮盖方法。对于眼周色素沉着，下眼睑与上眼睑都要适当提亮，遮瑕时要避开睫毛根部，从黑眼圈下缘开始涂抹，否则会导致卡粉。

**①**　**②**

基础造型之
## 底妆秘诀
### 14

突显好气色与立体感
# 光影立体修容
# 塑造完美脸部轮廓

修容主要包括腮红、高光和阴影粉的加入，
结合自身的脸型特点，在适当的位置加入光影效果，
才能有效弥补脸型的不足，强调出立体的骨感与健康气色。

## ■ 基本的添加区域

### 掌握腮红、阴影和高光的区域
### 呈现红润气色并突显轮廓紧致感

◎自然立体的修容，掌握"适合的色调""适宜的位置""与表情自然融合"是成功的基本要点。
◎无论哪种脸型，适度晕染，与周边融合是基本法则，否则容易显得底妆厚重。

**打造**
**健康好气色**

### 腮红区
**脸颊红润的最高点**
鼻翼横向的延长线与瞳孔正下方的垂直线的交点，就是苹果肌的最高点，也就是腮红的起始点，由此点向微笑时颧骨最凸起部位来回刷涂，是腮红的基本刷法。

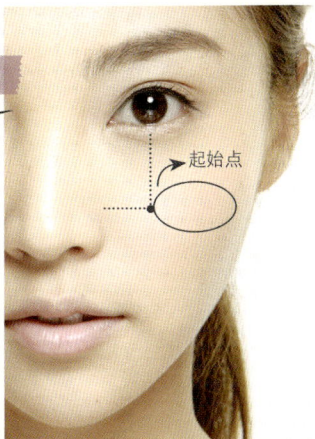

起始点

**收敛轮廓**
**打造完美脸型**

### 阴影区
**收紧轮廓的位置**
加入阴影的起始位置，基本位于嘴角与太阳穴连线及颧骨下方凹陷处的交汇点，从这一点开始，向脸周及下颌自然延展开，修饰轮廓。

**高光营造**
**通透立体的妆感**

### 高光区
**光线集中的部位**
包括眼下三角区及脸部较凸出部位，在视觉集中的高光区加入亮色，可以提升透明度，强调立体感。
（①T区、②眼下三角区、③C区、④高光区）

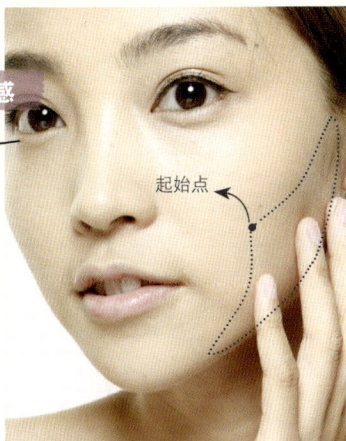

起始点

### 基础技巧

1.选择腮红颜色时以呈现健康气色、与自身肌肤融合为原则，否则即使用法得当，也会显"村红"，白皙肤色较适合浅一些的粉桃色腮红；象牙肤色适合珊瑚色腮红；偏深肤色适合莓红色腮红。

① **粉色**：使肤色呈现出柔和自然的印象，打造粉嫩的苹果肌。

② **玫瑰色**：玫瑰色的腮红显色度较好，强调华美的成熟女性气息。

③ **橘色**：赋予双颊明亮色泽，打造富有活力的健康妆效。

④ **米色**：最接近肤色的自然色，营造自然优雅的印象。

⑤ **珊瑚色**：带给双颊稳重与紧致感，可作为阴影色使用。

⑥ **莓红色**：凸显沉稳与血色感，提升成熟的女性魅力。

2.不同质地的腮红因为所含粉、水、油的比例不同，会呈现出不同的光泽效果，应根据肤质和理想妆容进行选择。

① **粉状腮红**：质地轻薄，带来细腻肤质和自然红润。配合使用平整且松散的腮红刷，点按苹果肌处，创造清新妆效。适合一般及油性肤质，不适合较干肤质使用，会产生浮粉现象。

② **膏状腮红**：油脂含量较高，显色度与持久性也较高。用小海绵蘸取适量膏体点涂在合适的位置上，并以手指向外晕开。适合干性肌肤，可以使腮红与肌肤紧密贴合。

③ **液状腮红**：由水与颜料组成，挥发速度快。少量多次使用，要快速推匀，以免干掉后变成不均匀的色块。适合干性肤质，可以打造出贴合度高、效果自然的腮红。

## 基本的晕染法
# 简单的圆形腮红
# 打造粉嫩的圆润苹果肌

圆形腮红是最常见、最简单的腮红画法，
圆形腮红的妆感比较甜美可爱，与粉色的常规组合一般不会出错，
只要保持微笑表情，在两颊凸起的笑肌位置，以画圈的方式刷上腮红即可。

### 基本涂抹方法
## 以颧骨最高处为中心的
## 画圈晕染，打造两颊的可爱圆润感

◎保持微笑涂抹圆形腮红，起点是颧骨的中央，以这一点为中心晕开腮红，可以使人看起来更显可爱。

◎此款腮红比较适合倒三角形脸、长形脸，使轮廓看起来圆润、不生硬。

◎为了获得自身般的红晕，避免生硬，颜色不要涂得太均匀，中间要最红润。

a.柔光三色渐变腮红。b.可爱糖果色腮红。c.自然柔粉色腮红。d.腮红刷。

### 蘸取
**充分移动刷头蘸取粉末**
**1.**来回移动腮红刷头，使刷头充分蘸取粉末，要一次蘸取足够的用量，避免反复蘸粉造成妆感浓重。

### 轻扫
**轻刷腮红并向四周晕开**
**2.**以微笑时颧骨最高处为中心，以画圆的方式移动刷头，向周围上下左右轻扫，将腮红在脸颊处充分晕开。

### 遮盖
**用刷头余粉修饰出脸周自然红润**
**3.**利用刷头上剩余的粉末，从颧骨向发际线晕染腮红，并轻轻从耳前向下巴滑动刷头，提升面部的自然红润感。

### 基础技巧

1.将微笑时颧骨的最高点、太阳穴下方及耳部前侧这三处自然衔接，在脸颊形成一个不规则的心形区域，按区域在脸颊涂抹腮红，提升自然血色效果与紧致轮廓。

2.为了避免颜色过于浓重，刷头充分蘸粉后，要在手背或纸巾上去除浮在表面的粉末，化腮红后，用海绵将腮红轮廓与周围肤色自然淡开，消除明显边界。

基础造型之
# 底妆秘诀
## 16

利落的线条
# 有角度的月牙形腮红
# 打造弧线自然的红晕

斜向晕染的扇形腮红，比较适合长形脸和三角形脸，
可以使脸部轮廓看起来更富有表现力。
将腮红平行扫在脸颊两侧，即可打造出充满新鲜气息的日晒感妆容。

## ■ 基本涂抹方法

## 腮红与高光粉配合，由中部
## 向外侧自然淡开，打造自然感红晕

◎沿脸部弧度晕染的腮红，可以不留
痕迹地修饰轮廓。
◎运用强调中部的不均匀晕染法，用
粉状与珠光的不同质感的叠加，营造
出立体而富有光泽的质感，使腮红看
上去犹如自身红润般，由内向外自然
显色。
◎闪亮的高光粉应加入在腮红的中央
部位，向外侧画小圈涂抹，可以使粉
状腮红显得更加通透，提升光泽感。

### 双色搭配
**横向涂抹粉色膏状与粉状腮红**
**1.** 用字符将粉色系膏状腮红呈月牙形
涂抹开。用腮红刷蘸取同色调的粉状
腮红，从脸颊内侧向外横向呈月牙形
大面积地刷涂。

### 淡开
**沿腮红边界将颜色过渡**
**2.** 在用粉色沿步骤一晕染的腮红边界
处轻刷，将腮红色向脸部轮廓处自然
淡开，使颜色过渡更自然。

a. 血色腮红膏。b.橘色系双色
腮红。c.珠光蜜粉饼。d.腮红
刷/蜜粉刷。

### 局部提亮
**珠光腮红提亮颧骨处**
**3.** 蘸取少量同色系的
带有珠光感的腮红，
以画圆的方式扫在苹
果肌中央的部位，打
造立体效果。

### 塑出光感
**用珠光蜜粉提亮**
**4.** 蘸取浅色珠光蜜粉，在眼
部下方与腮红的交界处，小
面积的进行晕染，自然衔接
腮红与眼部下方的肤色，同
时消除眼周黯沉。

### ■ 基础技巧

**1.** 用粉扑蘸取适量
透明米粉，轻轻
按压在刚刚涂抹
过膏状腮红的地
方，去除多余油
脂，使后续粉状
腮红更容易刷涂
均匀。

**2.** 用指腹蘸取少量
含有珠光粒子的高
光粉或眼影，在
涂抹腮红的中央部
位，向外侧画小圈
涂开，使粉状腮红
显得更加通透，提
升光泽感。

31

基础造型之
**底妆秘诀**
**17**

收紧脸部轮廓
# 吻合骨骼结构的画法
## 打造紧致的脸部线条

沿脸部的骨骼轮廓加入腮红与阴影来巧妙收紧脸型。
对于圆润脸型，在轮廓处斜扫阴影的手法可让脸蛋看起来更精致。
配合不同形状与颜色的腮红晕染，使脸部轮廓更显紧实。

■ **基本涂抹方法**
## 三角形腮红与脸周、额头的修饰
## 提升轮廓的紧致、立体效果

◎三角形腮红可以起到收紧脸颊轮廓
的作用，配合具有收敛效果的珊瑚色
腮红，使脸部更显小巧。

◎要避免妆感显脏，阴影粉要选择颜
色自然一些，且不含珠光的，用柔和
的色调来营造立体感。

◎脸颊两侧可选择较深色的腮红如棕
色、砖红色，更好地达到收缩脸型的
效果。

a.莹光珊瑚色渐变立体腮红。b.双色
修容腮红。c.修颜粉。d.自然修容效
果双色腮红。e.腮红刷。

**基础技巧**

**调整粉量**
去除刷头的多余粉末
**1.** 将腮红刷蘸满具有修容效果的珊瑚
色腮红，将刷头在纸巾上打圈，去除
表面的多余粉末并调整均匀。

**去除多余粉末**
1

**晕染**
呈倒三角形涂腮红
**2.** 在颧骨最高处略偏下的部位，呈倒
三角形宽幅涂抹腮红，起到收紧腮部
的作用。

**涂三角形腮红**
2

**修容**
收紧颧骨与下颌部分
**3.** 用棕色系的修容腮红从颧骨轮
廓处横幅向脸部轮廓延伸，并向
下颌晕开，逐渐收细线条，自然
淡开颜色。

**修饰脸周轮廓**

■ 将微笑时颧骨最高处及
太阳穴下方、耳before前侧
这三处作为基点并自然
衔接，在脸颊形成不规
则的心形区域，并按这
个区域晕染具有修容作
用的珊瑚色腮红，可以
提升自然血色效果，同
时收紧脸部轮廓。

**收紧侧面**

**收紧轮廓**
额头与脸周的修饰
**4.** 用修容腮红沿脸部
轮廓分别轻扫额头侧
面，横向收紧脸部的
宽度。

**进一步修饰轮廓**

# 双色层叠式晕染法
# 打造自然过渡的立体感红晕

◎通过深、浅以及高光色的递进，以叠加刷涂的方式打造出富有层次感的自然红晕。
◎从脸颊入手，借助不同颜色与不同腮红画法，让脸颊从视觉上变小。
◎用干净的粉刷在加入腮红的部位轻扫，可以进一步提升不同颜色腮红的融合度，使妆效更自然。

◎在颧骨周围晕染腮红，并沿骨骼结构加入阴影，可以自然强调出颧骨的立体感。

◎除了脸部轮廓线，下颌与颈部交界处也不要疏忽，颜色自然过渡才能避免出现面具感。

**用米色
双向涂抹腮红**

**腮红**
双向晕开腮红收紧脸颊
1.用腮红刷蘸取米色腮红，从颧骨下方开始，分别向太阳穴、耳根处轻刷均匀，收紧脸颊的轮廓。

**叠加粉色
提升自然红润**

**提升红润**
颧骨最高处强调立体红润
2.用圆头腮红刷在脸颊最高处加入粉色腮红，与步骤1的腮红自然融合，并用刷头上的余粉，在下颌处淡淡扫上一层红晕，提升紧致感。

**修饰
颧骨与下颌轮廓**

**晕开**
沿脸部轮廓价格赛红色自然淡开
3.用大粉刷沿腮红轮廓轻扫，使颜色自然过渡。最后用小号粉刷蘸取高光粉，从下眼角向眼尾方向轻轻涂刷一下，利用高光效果提升颧骨。

**基础技巧**

1.在下巴处点涂腮红，制造出自然的红润感，注意点涂的面积不可过大，否则会显得下巴突兀不自然。

2.用透明蜜粉轻扑涂抹腮红的部位，并轻轻晕开，使颜色更均匀，营造出白里透红的自然红润感。

33

## 基础造型之 底妆秘诀 18

使轮廓凹凸有致
**用高光色精致修饰凸显柔和的立体轮廓**

眼下三角区、鼻梁等部位要精心打理，通过在视觉的中心区域轻薄地加入高光，利用粉末的光反射原理，增加局部立体感，提升肤质透明度，凸显富有光泽并凹凸有致的妆容。

### 基本涂抹方法
**鼻梁、眼下和下巴轻扫高光突显透明光泽，提升轮廓立体感**

◎脸颊倒三角区是视觉的中心区域，通过提亮可以使妆容更透明，肤质看上去也显得光滑细腻。

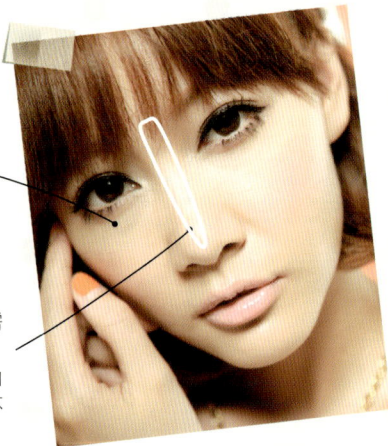

◎鼻梁提亮只需要薄薄刷一层，避免浮粉，且向下逐渐收细，不要刷到鼻头。

◎高光粉的颜色不要过于发白，否则会让妆容看上去不自然。应选择含有细微珠光、与肌肤贴合度较高的高光粉。
◎刷高光粉时不要用力按压刷子，轻轻地在肌肤上轻拂，使高光粉附着得更轻薄，光感才能更自然。
◎要根据部位的不同选择大小合适的刷头，小巧的刷头更容易打理细节部位。

a.修颜粉/高光粉。b.映彩高光提亮粉。c.小轮廓修容刷。

**突显鼻梁的挺拔感**
涂匀
从额头开始向下刷涂
1.从眉心开始沿鼻梁向下刷至鼻尖，笔触轻且连贯，使高光由上向下自然淡开。

**营造肌肤的通透感**
刷涂
呈放射状刷涂高光
2.蘸取高光粉，刷头两面都要充分蘸匀。从眼角开始向颧骨方向，呈放射状刷上高光粉，提亮眼下三角区，消除眼周黯沉。

**提升下巴的娇俏感**
提亮
下巴处小面积提亮
3.用刷子尖端，在下巴中央处以画圈的方式进行小面积晕染，自然提亮下巴区域，使脸部的轮廓线更加明显。

### 基础技巧
1.在下巴处点涂腮红，制造出自然的红润感，注意点涂的面积不可过大，否则会显得下巴突兀不自然。
2.用透明蜜粉轻扑涂抹腮红的部位，并轻轻晕开，使颜色更均匀，营造出白里透红的自然红润感。

基础造型之
**底妆秘诀**
**19**

让脸型显得更小巧
## 用**阴影色**自然修容
## 塑造**紧致的脸型轮廓**

阴影可以带来凹陷、深邃和收敛的视觉效果，
通过沿骨骼结构加入适当的阴影粉，可以使面部结构更加立体，
为避免妆面显脏，应控制阴影粉的用量和刷图范围，小面积地轻薄加入即可。

**■ 基本涂抹方法**
### 颊侧、眉头和鼻侧加入阴影
### 营造精致脸型，制造立体五官

◎用刷头较大的阴影刷，先调整刷头用量，用较少的粉末晕染出
自然阴影，以轻轻滑过的方式在阴影区域添加上颜色。
◎要避免妆感显脏，阴影粉要选择颜色自然一些的，如浅灰色、
浅棕色，且不含珠光，用柔和的色调来营造立体感。

**收敛轮廓**
**呈现紧致小脸**

**轻扫**
修饰脸颊外侧
1.用阴影刷从起点开始，沿脸部轮廓刷至下巴，耳朵下方至下巴的轮廓线处也要轻刷上阴影，使脸部与颈部的颜色过渡自然。

◎鼻侧阴影要用粉刷自然过渡，避免形成明显的色块。配合眼角的高光更显立体。

◎脸部轮廓处可以涂抹比肤色深一个色号的粉底，营造出阴影效果。

**营造**
**眼窝的深邃感**

**晕染**
局部用阴影与高光修饰
2.用浅棕色修容粉从眉头向鼻子两侧轻扫，鼻翼两侧小面积扫上修容粉，眼角小面积晕染高光粉。

**打造**
**立体挺拔的鼻梁**

**强调**
鼻梁两侧营造阴影
3.在鼻梁两侧薄薄刷涂上阴影粉，并与眉头出的阴影自然衔接，最后在鼻头两侧一带而过，强调出立体感。

**基础技巧**

1.用阴影粉修饰发际线处，从额头开始沿发际线小幅度移动刷头扫至起点位置，进一步从视觉上紧致轮廓。

2.只在鼻部修饰会显得不自然，额头、鼻梁、眼下三角区与下颌等整体用光影提升凹凸感，高光与阴影要适度修饰，避免妆感过重。

a.柔光提亮粉/修容腮红。b.映彩修容粉/阴影粉。c.小轮廓修容刷。

修饰不完美脸型

# 不同脸型的修容
# 使脸部轮廓更加完美

不同的脸型有不同的修容重点，
根据脸部存在的问题，灵活变换腮红的形状，
以及阴影和高光加入的位置，巧妙地修饰不完美之处。

## 脸型1
## 长形脸型
## 突出横向视觉

◎通过横扫的腮红、下巴边缘加入阴影和高光提升视觉中心，都可以加宽脸部轮廓平衡纵长。

→ 腮红：从颧骨下方开始，到两颊的下颌角处，以横向的方式斜扫出月牙形腮红。

→ 阴影：按脸型长短比例，在下巴边缘扫阴影，从视觉上缩短脸部的长度。

→ 高光：在太阳穴和眉间提亮，使视线聚焦在脸部中央偏上，缩短脸部长度。

## 脸型3
## 方形脸型
## 隐藏突兀棱角

◎在需要隐藏的棱角部位加入深色的阴影粉，可以起到弱化的作用，从而消除方脸的棱角感。

→ 腮红：从颧骨下方开始到下巴，扫上修容腮红，圆形脸不要刷涂圆形和横向腮红。

→ 阴影：从额头两侧开始，经过太阳穴往下，直至下颌，沿轮廓边缘扫阴影，缩窄脸型。

→ 高光：在额头中间靠近发际线处和下巴尖上涂浅一号的粉底，使脸型变得更修长。

## 脸型2
## 圆形脸型
## 收敛脸周轮廓

◎紧贴着轮廓线加入阴影粉，同时在中轴部位进行提亮，使视觉焦点向中间转移，缩小面部轮廓。

→ 腮红：从颧骨下方开始，斜向上涂抹深色腮红，下颌角也用深色腮红或阴影粉修饰。

→ 阴影：在额角紧贴发际线处涂深色粉底或用阴影粉打暗，使额头看上去不那么有棱有角。

→ 高光：在额头中央和下巴处进行适当提亮，将视线焦点从脸的四角转移到中轴部位上来。

## 脸型4
## 菱形脸型
## 柔化锐利线条

◎通过阴影弱化颧骨和下巴线条，同时用高光粉使额头两侧和两腮呈现饱满感，使脸型变得圆润。

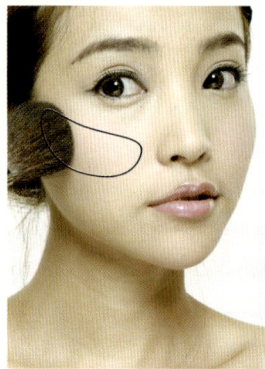

→ 腮红：由微笑时苹果肌最高处开始，横向刷月牙形腮红，使脸颊部位看起来较为圆润。

→ 阴影：在颧骨上打上深色粉底或用阴影粉来修饰，在下巴尖上，同样打暗修饰锐利线条。

→ 高光：在额头两边和腮部涂浅一色的粉底或珠光粉，让整体脸型看起来更为圆润。

基础造型之
**底妆秘诀**
**21**

底妆基础答疑
# 解决常见底妆烦恼
# 使肌肤质感更通透光亮

毛孔遮不住？卡粉现象频频出现？腮红过于突兀？
一个环节出现疏漏，整个底妆的效果都会遭到破坏，
解决容易产生疑问的底妆技法，真正掌握提升肌肤质感的窍门。

## 基础答疑1
## 毛孔很明显，不知道该如何能更好地遮住毛孔？

◎用粉底刷以打圈方式刷涂粉底，就能很自然地遮盖住毛孔，比起重复涂抹的方法，用刷子刷的方法简单又自然。

1. 用粉底刷蘸取粉底，从脸中心的位置向外涂抹，以画圈的方式涂抹。
2. 对于鼻翼等毛孔特别明显的部位，用画小圈的方式仔细进行涂抹。
3. 眼睛周围的肌肤毛孔不明显，容易浮粉，用海绵轻轻进行按压。

## 基础答疑2
## 腮红过多怎么办？

◎可以用蜜粉修饰腮红过多的情况，但在腮红刷蘸取腮红时，也要严格控制用量。

1. 腮红刷蘸取腮红后，如果直接涂抹在脸上，很容易造成腮红过重而出现不自然的红润。应该在蘸取腮红后，将腮红刷在腮红盖子上或者在纸巾上划两下，去除多余腮红粉。
2. 如果脸上的腮红过多过重，也不用紧张，可以将蜜粉轻轻压在腮红过多的部位，就可以让颜色变浅，而且依旧很自然。

## 基础答疑3
## 定妆后，总觉得散粉底太厚重了，如何控制散粉用量？

◎定妆使用过多粉量会破坏肌肤的通透感，利用小技巧可以有效控制粉扑和粉刷的取粉量。

1. 用粉扑蘸取完密粉后，来回弯折粉扑，或者轻弹粉扑，可以有效地去除多余蜜粉。
2. 蘸取密粉后，在蜜粉的盖子上或者手背上轻轻地划两下，可以以去除多余蜜粉。

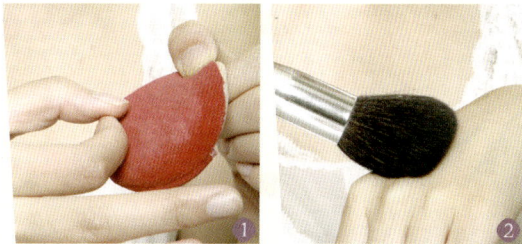

## 基础答疑4
## 在外出现出油卡粉该怎么办？

◎在出油的地方涂抹蜜粉，往往只让这一部分显得妆容厚重，想要更自然的话，就只在脱妆的部位把妆卸掉，用美容液擦拭出油部位，同时完成保湿。

1. 将乳液涂抹在出油部位轻轻按压，使之充分与残留底妆融合，然后用纸巾擦除。
2. 局部卸妆后瑕疵外露，在卸妆部位涂抹遮瑕品或者粉底，只需要涂抹薄薄一层即可。
2. 用粉饼快速的轻压涂抹粉底的部位，并稍微向四周晕开，模糊补妆部位的界限。

基础造型之
**底妆秘诀**
**22**

细腻、持久的妆容
# 用**大粉刷**涂粉饼
# 强调**肌肤的轻盈质感**

T区或脸颊处毛孔较明显的话，粉底不易涂匀，
且用粉扑涂抹容易显得妆感厚重，
这时最好使用大粉刷来代替粉扑涂抹，
不仅可以避免粉末堵塞毛孔，还能提升底妆的轻薄感。

**基础画法**
## 用"画圈"与"轻刷"的手法
## 涂粉饼，在肌肤表面形成一层"薄雾"

◎粉饼的弱点主要在于反复涂容易越涂越厚。用海绵涂时，特毛孔粗大部位不容易涂均匀，所以在打底或补妆时，粉刷比粉扑更实用，可以避免粉末堵塞毛孔。

◎如果直接用粉刷在粉饼上蘸取，容易因蘸得过多而造成粉越涂越厚。正确的方法是：将粉刷边旋转边蘸粉，令其呈放射状在粉饼上散开，这样粉末可以进到刷毛深处，避免肌肤过多着粉。

a.脸部及眼部双效遮瑕粉饼。
b.映彩润泽两用粉饼。c.平头大号粉刷。

**粉末深入刷头** `1`

**蘸粉**
旋转刷头蘸取足量粉末
**1.** 力度均匀地转动刷头蘸粉，使刷头内部也充满粉末。再轻掸刷头，去除刷头表面多余的粉末，使粉末分布更均匀。

`2`

**脸颊**
从面积大的部位开始
**2.** 先从眼睛下面的脸颊开始，边旋转刷头画大圈，边从脸颊内侧刷至另外侧，在肌肤表面形成一层薄膜，T区由上向下，由内向外轻刷抹均匀。

**从中部开始刷**

**额头**
额头部位呈放射状刷
**3.** 从两眉之间呈放射状延伸轻扫额头，这样的话就不会在眉毛根部和眉毛中间囤积粉末。

**放射状向上刷**

`3`

**用余粉刷轮廓**

`4`

**轮廓**
在脸部轮廓线部位扫粉
**4.** 从下巴部位向两侧，沿脸部轮廓线旋转着刷粉，粉不要太多，就用刷头上剩下的粉就足够了。

**基础技巧**

■ 大多数粉饼都能在使用后呈现出光泽感，如果想要光泽度更高，就要这样做：在海绵上喷上水，然后轻轻蘸取一点粉末，在需要出现光泽的部位轻轻一抹即可提亮。

**■ 细节画法**

# 注重细节的处理手法
# 用粉底营造出底妆与轻盈与通透

◎旋转刷头的涂法，可以扫去肌肤表面的浮粉，起到抛光的效果。
◎选择毛质柔软，刷头大一些的粉刷，上妆时可令粉末平均地附着肌肤，涂抹也更顺畅。宽扁的刷头更适合眼周、鼻翼等细节部位，避免刷掉遮瑕处的底妆。
◎鼻翼、嘴角部位容易堆粉，导致粉末结块，在刷粉后用海绵轻压，使细节部位更轻薄。

◎用含珠光粒子的灰色眼影，沿下睫毛根部窄幅晕染，着重涂抹黑眼球下方。

◎以颧骨最高点为中心，按画圆方式刷粉色腮红。在腮红中部轻扫上薄薄一层高光粉，提升通透感。

**抛光**
**使粉底更均匀**

**抛光**
**画圈轻刷使底妆更轻薄透明**
2.在整体刷完粉以后，用刷子在面部横向大面积地画圈，消除肌肤表面的浮粉，并起到抛光效果，使妆感更通透。

**上眼睑**
**薄薄地刷一层**

**眼部**
**用余粉在眼皮上轻薄扫一层**
1.不需再蘸粉，用刷头上的余粉，轻轻地扫在眼皮上，像在皮肤上轻轻洒下一层薄粉般涂抹，起到消除多余油脂的作用，为后续彩妆打底。

**集中按压**
**容易可粉的部位**

**定妆**
**用海绵轻压容易花妆的部位**
3.容易卡粉、花妆的鼻翼、雀斑、痘痘等部位，用指腹抵住海绵中部，小面积按压，修复需要遮盖的部位，使底妆更融合，避免结块。

**基础技巧**

1.用散粉上妆追求的正是一种仿佛没有上妆的轻盈感，要想达到最佳效果，首先应用粉扑整体蘸粉，然后用手指转动粉扑。涂抹时，从脸颊开始，画一个大大的的圆，这样就能涂抹均匀，就像罩上一层膜一样，这个手法和用刷子涂抹时候基本是一样的。

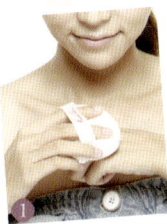

2.在护肤乳液和乳霜还留在肌肤表面时，涂抹粉底是不正确的。技巧再好也会涂抹不均匀，要等乳液完全吸收了之后，或者用面巾纸擦去之后再进行涂抹。

基础造型之
**底妆秘诀**
**23**

质感润泽、薄透的妆容
# 用**指腹**涂粉底液
# 打造**水润无瑕**的肌底

粉底液的遮瑕力不是很强，适合状态较好的肌肤，
但是利用其滋润质地与延展性，大面积推开与局部加强，
可以在适当提升遮盖效果的同时，保留肌肤原本的清爽润泽质感。

**■ 基础画法**
## 用"点涂"与"推抹"的手法
## 控制用量，恰到好处地涂粉底液

◎先点涂在不同位置再涂开可以控制粉底用量，但是对于偏干的肌肤，要快速将粉底液抹开，或采用边蘸取边涂抹的方式，避免粉底变干结块。
◎"推抹"可以提升粉底的透明度；"拍按"可以提升粉底的遮盖力。两者交替进行，底妆更显透。
◎从面积大的部位涂开，再仔细调整细节处的均匀度，是基本法则。

**点涂并快速推开**

**点涂、推开**
点在不同位置并向外推抹
**1.**在两颊、额头以及下巴的4个位置点上，分别点上粉底，这样可以有效控制粉底用量。

从脸颊开始，用指腹由内向外呈放射状推开粉底液，由上至下沿脸部弧线分层涂抹均匀。

**过渡式涂鼻部**

**鼻部**
从鼻侧到中央来回涂抹
**2.**鼻子处最容易花妆，应用指腹从鼻侧到中央反复涂抹两次，使粉底构成两层极薄的膜。

a.无瑕莹露滋润粉底液。b.轻盈倍润粉底液。c.丰盈润泽粉底液。d.轻盈透感亲肤粉底液。

**额头至鼻部**
呈放射状上下延展开
**4.**将额头处的余下的粉底，用中指和无名指指腹，从眉间呈放射状推开，并沿额头向鼻梁上下推开，避免积粉。

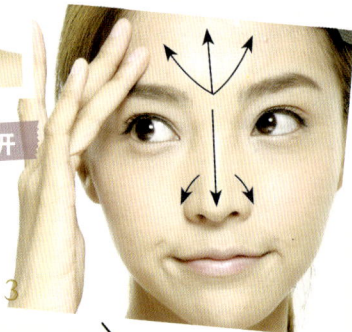

**上下均匀推开**

**■ 基础技巧**

1.如果脸部瑕疵较明显的话，要想提高遮瑕力，需要从开始就增加粉底的用量。在想要遮瑕的脸颊部位，增加一个点，也在鼻子上面加一点。这样既保留了自然的感觉，又能呈现传统派的无瑕美肌。

2.使用质地比粉底液略浓稠一些的粉底霜打底时，"推抹""拍按"的动作要交替进行，通过用指腹推抹，使底妆显得更加透明，配合拍按，在营造通透感的同时，确保粉底霜的遮盖力度。

**■ 细节画法**

# 加强易堆粉细节部位的"轻轻按压"使整体到局部都均匀、服帖

◎修饰脸部瑕疵涂厚厚的粉底液会适得其反，眼角、鼻翼、唇周的易堆粉部位，只需要薄薄涂抹一层粉底即可，用按压手法加强遮盖效果。毛孔处应由下至上轻轻推按。

◎脸部与颈部的边界处，用海绵眼轮廓自然晕开，使底色过渡自然。

◎用高光霜在鼻梁至双眉中部及眉骨上方提亮，增加肌肤的通透感。

◎将白色珠光眼影涂在眼角，呈现出透明感。

◎用唇刷沿唇部轮廓刷淡粉色唇膏，唇纹较深处用唇刷顺纹理涂均匀。

**按压**
**使细节更均匀**

**鼻翼**
仔细按压均匀

**2.** 用中指指腹在面积窄小且凹凸的鼻翼细节处仔细按压，消除卡粉，调整粉底的均匀度，使细微处也能匀透、服帖。

**推开与按压**
**提升遮盖效果**

**唇周**
推抹与按压使唇周的底妆更紧实

**1.** 活动较频繁的嘴周容易脱妆，将点涂在下巴上的粉底液从下至上涂抹开，唇上由内向外推开，嘴角也要涂抹到，并用指腹沿唇周按压均匀。

**点按手法**
**加强眼部遮盖力**

**眼下**
用指腹上的余粉涂抹眼下

**3.** 用余下的粉底液由内向外轻轻涂抹眼部下方，先涂下眼睑，再涂上眼睑，然后将眼角、眼尾部位按压紧实。用化妆棉轻按使粉底贴合紧密并消除多余油脂。

**基础技巧**

**1.** 一根手指适用于涂抹鼻翼、眼周、唇周的细小部位，而面积大的脸颊、额头，用中指和无名指两根手指来完成，涂抹时用指腹边推抹，便轻轻拍按，使粉底持久遮盖，这是最基本的涂粉底技巧。

**2.** 涂脸颊的过程中，东抹西涂很容易产生粉底涂抹过厚或者分布不均匀、堆粉的状况，所以涂抹粉底时，要按照由内向外的基本顺序，并从上向下，一层层地快速推抹开，上妆效果会更好。

基础造型之
## 底妆秘诀
### 24

自然、柔润的妆容
# 妆前底乳、遮瑕膏、散粉
## 塑造柔雾感无瑕底妆

妆前底乳主要起到防晒、保湿、修饰毛孔、润色效果，针对肤色与肤质选择适宜的颜色，有效遮盖瑕疵，配合局部遮瑕与散粉，就能够呈现自然感妆效。

■ **基础画法**
## 用白色、肤色、粉色妆前底乳
## 针对不同肌肤问题进行局部修饰

◎无论是隔离还是润色妆前底乳，薄薄地涂抹是基本法则。

◎用妆前底乳来修饰斑点、毛孔、黯沉、泛红等瑕疵，可以减少后续底妆的用量。

◎修饰偏黄的肤色，适合使用杏色妆前底乳，黄色底乳是最适合亚洲人肤色的颜色。

**涂妆前底乳**
用不同颜色的妆前底乳修饰
**1.** 将白色妆前底乳点涂在额头、两颊及下巴处，用指腹由内向外均匀涂抹至整个脸部，修饰色斑与黯沉。

**修饰斑点、黯沉**

用肤色饰底乳修饰毛孔较为明显的区域，用指腹从各个角度向毛孔处轻轻按压贴合，抚平毛孔。

**按压**
将妆前底乳按压均匀
**2.** 用海绵轻轻按压整个脸部，吸除多余油脂，让妆前底乳的色泽与肤色自然融合，同时提升遮盖的持久性。

a. 晶莹持久妆前底乳。b. 粉色妆前底乳。c. 靓白肤色修整妆前底乳。d. 白色饰底乳。e. 遮瑕刷。f. 化妆海绵。

**提升持久遮盖力**

**眼周**
用粉色妆前底乳修饰眼部
**3.** 将珍珠大小的粉色妆前底乳用指腹轻点在下眼睑黯沉部位，并用指腹轻拍，向眼周涂开，眼角与眼尾的细小处用指尖调整均匀，修饰血液循环不畅导致的黑眼圈等。

**修饰眼周黯沉**

■ **基础技巧**

**1.** 如果脸颊处的泛红较明显，可以使用绿色妆前底乳修饰，用指腹边轻按向周围均匀晕开，不要拍打，以免因刺激导致肌肤泛红。

**2.** 使用笔状的遮瑕产品修饰眼睛下方，并用指腹向四周呈辐射状轻轻按压，使之贴合肌肤。用示指按住海绵，小面积地沿下眼睑由内向外轻轻拍按，使妆前底乳更加服帖。

**细节画法**

# 只在局部使用遮瑕膏，并用散粉定妆矫正色素沉积，使底妆更均匀

◎先用妆前底乳来润色，只在瑕疵较明显的眼周等部位使用遮瑕膏，对于日常妆容，不需要再涂抹粉底，只需要用散粉定妆即可。

◎遮盖痘痘时，在涂抹妆前底乳后，再用遮瑕膏进行遮盖，效果更好。

**修饰眼睑处的肤色**

### 上眼睑

遮瑕膏修饰眼睑

**1.** 将肤色遮瑕膏点涂在上眼睑，并用指腹由内向外轻轻推开，修饰局部黯沉，使后续眼影的显色更漂亮。

◎用棕色眼影沿上睫毛边缘涂抹在整个双眼皮部分，塑造立体的眼部轮廓。

◎打造雾感妆效适合使用粉状腮红。以颧骨为中心涂抹是要点。

◎用米粉色唇蜜营造柔和妆效，易脱色的唇部中央要着重涂抹。

**用海绵按压提升持久遮盖力**

### 按压

用海绵轻轻按压眼周遮瑕部位

**2.** 用粉底专用的海绵轻轻擦拭眼周的遮瑕部位，加强遮盖效果，使底妆更加均匀和紧实。

**用散粉调整出均匀肤色**

### 定妆

用粉扑从脸颊开始涂抹散粉

**3.** 用粉扑蘸取散粉，从脸颊部位开始涂抹，然后到鼻翼和唇周等细小部位，缔造没有黯沉的均匀肤色。用手掌轻轻按压全脸使散粉更贴合肌肤。

**基础技巧**

**1.** 一根如果后续要使用粉底，在涂粉底前，应选择质地水润的妆前隔离、润色产品，过于浓稠的妆前底乳等，会使后续粉底不易晕开，导致涂抹不均匀。

**2.** 补妆时可以用散粉调整均匀度，在补妆前用手指将脱妆部位按压均匀。肌肤显得干净通透的关键是眼睛下方。补妆时使用有透明感的高光粉就可以使肌肤显得更加轻盈通透。

无瑕、贴合的妆容
## 用BB霜与高光蜜粉
## 打造无妆的幼滑肌肤

BB霜用于遮瑕、润色、细致毛孔，改善和弥补皮肤缺点，可以使毛孔明显变小，皮肤变得细致而且很自然，配合蜜粉定妆，可以简单打造自然无瑕的长效底妆。

### ■ 基础画法
## 用指腹以"拍按"的手法
## 使妆容自然融合，提升均匀妆效

◎化淡妆时，肤质较好的话就不用再涂粉底液，BB霜本身具有一定遮瑕作用、匀色效果，重叠涂抹粉底容易使妆感显得过于厚重。

◎选择米色系的水润质地BB霜可以自然遮盖瑕疵。

◎只在眼部重复涂抹BB霜，避免妆感厚重。鼻翼容易出油、法令纹处容易脱妆，蘸取少量BB霜涂抹即可。

a. 完美无瑕BB霜。b. 水润BB霜。c. 高效修护BB霜。d. 修颜粉/高光粉。e. 高效防晒保湿BB霜。

**点涂并推匀**
从面积较大的脸颊开始
**1.**取BB霜点涂在两颊、鼻头、额头和下巴5点，用指腹从脸颊开始向外侧呈放射状涂抹开，由上至下沿脸部弧线分层次边轻拍，边均匀涂开。

**从脸颊大面积推匀**

呈放射状由下向上涂抹额头部位，并沿鼻梁向下沿展开，鼻翼周围轻轻拍按。

**推抹、按压鼻周**

**鼻部**
仔细涂抹鼻翼部位
**2.**将鼻头的BB霜向周围延展，涂到鼻翼部位的时候，轻轻按压使底妆更加贴合。

**滑动、按压眼角**

**眼角**
用指腹晕匀眼角附近
**3.**从眼角向眼尾滑动指腹推开BB霜，先涂下眼睑再涂上眼睑，眼角、眼尾要用指尖按压均匀。

**加固妆容**

**按压**
用粉扑轻按脸颊
**4.**用中指抵住粉扑，小面积按压涂抹BB霜的部位，使底妆更均匀，贴合肌肤更紧密。

### ■ 基础技巧

■ 如果觉得即使选择偏深色BB霜，涂抹后肤色也显得发白的话，在选择BB霜时，要掌握如何来判断颜色是否适合自己的肤色。判断BB霜的色号时，要在涂抹后等上一刻钟，这也是BB霜很神奇的一点，煞白感会随着肤温慢慢消融、吸收，最后跟原来的肤色融为一体，明显感觉通透明亮又没有色差界限的，才是最适合自己的。

**■ 细节画法**

# 在眼周添加用量并用高光粉提亮
# 消除黯沉，使妆容更明亮

◎如果将BB霜与粉底混合在一起涂在脸上，会影响妆容的自然感，也会降低BB霜的护理效果。可以用散粉、蜜粉定妆，妆效会更持久。
◎BB霜的遮瑕效果不如遮瑕膏好，在遮盖较明显的瑕疵时，可以在需要格外修饰的部位适当增加BB霜的用量。
◎如果涂BB霜时感觉质地偏干难以推开，可以将BB霜和少量保湿乳霜混合后再涂抹，延展起来会更顺滑。

◎选择淡粉色眼影涂抹在双眼皮部位，为整体造型提升甜美感。

◎用指腹将腮红膏点涂在笑肌最高点，以画圈的方式晕染开。

◎唇部遮瑕后，用米粉色唇膏塑造出自然唇妆，与整体妆容协调搭配。

**黯沉处 适当增加用量**

**眼下**
重复按压下眼睑部位遮瑕

**2.** 取适量BB霜，用指腹由内向外沿眼部轮廓轻轻地按压在下眼睑部位，将黑眼圈和阴影遮盖起来。

**按压眼下 使底妆更均匀**

**融合**
用粉扑融合眼部的妆容

**1.** 用海绵由内向外轻轻地按压下眼睑部位，消除干纹与卡粉，使妆容自然融合。

**提亮、定妆 提升妆容透明度**

**定妆**
高光消除黯沉并用蜜粉轻薄定妆

**3.** 将高光粉刷在下眼睑部位，利用光反射的愿意消除黑眼圈、眼袋及眼下黯沉。最后用粉扑蘸取蜜粉轻扫全脸，薄薄地覆盖一层即可。

**基础技巧**

1. BB霜虽然具有一定的护肤功效，但不能完全代替护肤品，打底前应先用化妆水、乳液或精华液做好基础保养，使肌肤在润泽状态下再使用BB霜，否则会使皮肤变得干燥，导致涂抹不均匀。

2.涂脸颊的过程中，东抹西涂很容易产生粉底涂抹过厚或者分布不均匀、堆粉的状况，所以涂抹粉底时，要按照由内向外的基本顺序，并从上向下，一层层地快速推抹开，上妆效果会更好。

45

基础造型之

## 底妆秘诀

# 26

通透、立体的妆容

# 腮红、高光和阴影
## 打造立体的小脸妆容

根据自身面部骨骼结构的特点，确定出想要修饰的部分，
综合运用腮红、高光粉和阴影粉，配合科学的上妆手法，
利用光影的明暗，修饰出具有健康的红润光泽以及利落线条的瘦脸妆容。

## 基础画法

### 运用米粉色刷涂心形腮红
### 提升自然血色效果与紧致轮廓

◎米粉色是最接近肤色的自然色，可以营造出自然优雅的印象。
◎心形腮红是指先从颧骨最高处到太阳穴下方斜扫，然后再从颧骨外侧向内画圈，在脸颊形成一个不规则的心形区域。

### 涂粉底液
#### 用海绵涂抹保湿粉底液

**1.**用海绵从眼部下方的脸颊开始涂抹粉底液，嘴周由外向内呈放射状涂抹，提升立体妆感。

**散粉提升透明度**

用粉刷蘸取散粉后，在脸部的中央扫上薄薄一层蜜粉，提升妆容的透明度与立体度。

### 刷涂
#### 保持微笑表情刷涂腮红

**2.**蘸取米粉色的腮红，保持微笑表情，从笑肌最高点开始，顺着颧骨上方的弧度斜向上自然晕染上腮红。

a.粉色系渐变立体腮红。b.米粉色腮红。c.圆头腮红刷。d.肉粉色系腮红。e.炫目四色腮红

**沿颧骨外侧刷涂**

**斜向上晕染腮红**

### 刷涂、晕开
#### 滑动刷头向内刷涂腮红并晕染

**3.**从颧骨外侧沿颧骨下方的弧度向内侧刷涂上腮红。然后用指腹轻轻沿腮红的轮廓边缘向外晕染开，使颜色自然过渡，消除分界线。

## 基础技巧

**1.**如果脸部上的瑕疵不是很明显，可以用比肤色浅一号的粉底液只涂抹在T区和眼部下方，这个方法也是适合夏季的粉底涂法。

**2.**蘸取腮红后，将刷子在手背上打圈，以去除刷头的多余粉末，使腮红颜色均匀。由于腮红的颜色较浅，不要在纸巾上擦拭。

## ■ 细节画法
# 高光粉与阴影粉搭配使用
# 塑造凹凸有致的立体感与利落线条

◎在额头、鼻梁和眼下三角区扫上高光粉，可以使视线的焦点内移到脸部的相对中心的位置，从而弱化脸周轮廓，提升小脸印象。

◎耳朵下方的下颌角部位是阴影粉的常用部位，如果是日常妆，只需涂抹这一部位即可，不必刷涂眉头下方和鼻侧，以免造成过重的妆感。

◎用浅棕色眉粉从眉头向眉尾整体刷涂，自然强调出眉毛的立体感。

◎用眼影刷蘸取粉色眼影，大面积晕染在整个眼窝部位。

◎整体嘴唇涂抹粉色唇膏，嘴角也要涂抹到，唇线与唇膏用同色系，使双唇轮廓的修正不留痕迹，自然呈现。

**高光粉**
**使视线中心内移**

### 高光
对眉间、眼部、鼻部进行提亮

**2.** 蘸取透明感高光闪粉，轻扫在眉部中间、眼部下方与鼻梁，眉间与鼻部高光区域相衔接，提升妆容的立体感。

**蜜粉增加**
**腮红的通透感**

### 蜜粉
在腮红上重叠涂抹蜜粉

**1.** 涂腮红后，用粉扑蘸取适量蜜粉，在腮红部位薄薄地扑一层，呈现自然通透的红晕。

**阴影粉**
**缩小脸部轮廓**

### 修容
由轮廓处向内侧涂开

**3.** 用阴影刷蘸取修容粉，在纸巾上调整用量后，从鬓角下方开始，紧贴脸周轮廓向内侧滑动轻刷。

**基础技巧**

**1.** 进行修容的时候可以画鼻侧阴影，用浅灰色、浅棕色修容粉，从眉头向鼻子的两侧轻扫，用鼻侧阴影制造出立体妆效。

**2.** 用阴影粉修饰脸部轮廓后，可以利用刷头上的余粉，在颧骨下方凹陷处滑动刷，沿着腮红的轮廓薄薄刷涂一层阴影粉，使下颌更具收缩感。

基础造型之
**底妆秘诀**
**27**

均匀、细腻的妆容
# 分区遮瑕与调色
## 塑造零缺陷无瑕瓷肌

综合运用调色的妆前底乳、遮瑕膏、高光粉以及阴影粉，
配合基础的粉底液，加入在脸部所需的不同位置，
打造出极致完美的零瑕疵底妆，运用科学手法制造出轻薄感是关键。

**基础画法**
## 运用妆前乳调色并遮盖毛孔
## 打造出均匀的肤色和细腻的肤质

◎对于粗大毛孔和不均匀肤色，要在涂抹粉底液之前就予以遮盖和矫正。
◎将粉色妆前底乳与粉底液充分混合后进行涂抹，可增加肤色的红润度。
◎只在黯沉较为明显的眼周部位使用遮瑕膏，可以避免妆感过厚的问题，将遮瑕膏融合在粉底液中涂抹，使遮瑕变得更为轻薄贴合。

a.晶莹持久妆前底乳。
b.白色妆前底乳。c.多功能遮瑕乳。d.晶莹持久粉底液。

**基础技巧**
用手指拍按粉底液之后，用海绵按照颧骨的外色、下颌，一直到脖颈的顺序轻轻推开，这样能避免脸部和脖子产生色差。

**修饰毛孔，均匀肤色**

**涂妆前乳**
修饰黯沉与毛孔明显区域
**1.**用化妆海绵蘸取肤色妆前乳涂抹在T区、鼻翼和面颊毛孔处。因为毛孔是凹陷的，所在涂抹时从各个角度向毛孔按压，才能完好掩盖毛孔。

将白色妆前乳涂抹面部并用海绵在整个面部轻轻按压，吸走多余乳液，均匀肌肤颜色。

**拍按提升贴合度**

**拍按粉底液**
少量多次轻拍涂抹粉底液
**2.**将粉底液轻轻拍按涂抹于整个脸部，使质地与肌肤更加贴合，用手从中央向外轻拍，吸取多余的粉底。

**营造肌肤红润感**

**涂抹、晕开**
打造自然粉嫩肌感
**3.**将粉底和妆前乳按3∶1的比例在手背混合后，沿颧骨位置，用手指打圈涂抹，并用海绵平滑晕开。

**遮盖眼下黯沉**

**提亮**
涂抹遮瑕膏
**4.**将遮瑕膏和妆前乳按2∶1的比例混合，用手指轻轻按压在下眼睑上，让眼睛更明亮。

**■ 细节画法**

# 用腮红增加红润，并用定妆粉轻薄定妆，使底妆更加匀透亮泽

◎将膏状腮红和粉底液充分调和后，再加入在脸颊凸起处，提升腮红的贴合度，使红晕宛如肌肤自然透出一般。

◎定妆时要严格控制蜜粉的用量，否则很容易显得妆感厚重，眼下三角区一带而过即可，保留肌肤的膨润感，用粉刷代替粉扑定妆可以提升透明度。

**腮红膏 打造自然红晕**

**腮红**
**混合腮红膏打造自然红润**

1. 将珊瑚色的腮红膏和粉底按照1：2的比例混合后，在微笑时脸颊凸起的最高点的位置打上腮红，好像画半圆似的涂抹。

◎用手指轻轻地点在鼻尖和下巴上，让腮红和脸部肤色融为一体，看上去更加自然。

◎用显色度很好的分红唇蜜强调唇部质感，不要选用有亮粉的唇蜜，选用颜色淡雅的，看起来会更加性感。

**用蜜粉 提升妆容持久度**

**定妆**
**定妆粉固定妆容**

2. 用粉扑蘸取蜜粉后，在纸巾上轻轻扫一下去掉余粉，然后再用粉扑轻轻按压整个脸部。

**用余粉 在眼部轻薄定妆**

**按压**
**余粉按压眼睑**

3. 使用上一步的粉扑上残留的细粉，在下眼睑处轻轻按压，一带而过即可，避免造成积粉。上眼睑也要照顾到，按压时用手指轻轻按压并提拉上眼睑。

**基础技巧**

■ 用刷子代替粉扑涂粉饼能够提升透明感，珠光粒子能修饰毛孔，刷在T区，双颊和下巴，再用双手按压贴合。用干净的粉刷轻轻在下眼睑扫一下，清除多余细粉，避免眼部发生粉底堆积在细纹里的现象。

**■ 细节画法**

# 在脸周加阴影，并用高光粉
# 提亮T区，使五官更加立体精致

◎如果想要打造轻薄的妆感，只在脸周轮廓处添加少量的阴影粉即可达到收敛脸部轮廓的效果。
◎T区的高光凸显额部立体感，眼下三角区的高光营造肌肤的通透感，高光粉最好选用较为自然的黄色，可以使光泽更加柔和。
◎高光与阴影的晕染要自然轻薄，与周围肤色衔接的淡淡一层光影，可以避免显得妆感厚重。

◎从眉头向眉尾，用眉笔描画出细细线条，将眉毛间的空隙自然填补，不要用眉笔涂满眉色。

◎用浅米色眼影提亮上眼睑，双眼皮涂抹棕色眼影并在眼尾加重，下眼尾用金米色提亮。

**轻扫T区 凸显立体轮廓**

**高光**
将黄色高光轻薄涂抹在T区

2. 有透明感的黄色高光，可以使肌肤呈现自然亮泽，用粉刷蘸取高光粉，去除多余细粉，轻薄扫在T区。

**阴影粉 收拢脸周轮廓**

**收敛**
两段式阴影打造紧致脸部轮廓

1. 面部保持聚拢状态，从眼角外侧的发际线边缘按3字形轻扫几次，自然收拢脸部轮廓线条。

**提亮三角区 提升底妆透明度**

**眼睑**
眼睑处加入高光强调透明感

3. 将黄色的高光粉用小眼影刷刷涂到下眼睑和眼角，进一步增加透明感和立体感。

**基础技巧**

1. 沿着颧骨的凹陷处轻刷偏棕色的阴影粉，一直刷至下颚根部，强调出颧骨的立体感，在额头侧面到发际处部位也加入阴影，塑造的立体妆感。

2. 刷侧面轮廓阴影后，可以在下巴尖处轻刷阴影，可以从视觉上缩短长度，使脸部看上去更加小巧。

消除眼部烦恼的秘诀

# 提升轮廓与神采的基础眼妆

◎展现自然的深邃感是眼妆的基本目的，与自然妆容搭配，眼妆也要恰如其分，使人没有距离感。

◎掌握适合自己眼部特点的画法，巧妙运用细腻的线条、水润的光泽与自然的层次感，让双眸更完美。

◎睫毛的修饰可以快速提升眼神明亮感，在日常妆中，用睫毛膏和睫毛夹帮你实现美睫的目的。

常见的眼影种类

# 用质地适宜的眼影
# 打造适合妆效的眼妆

基础造型之
**眼妆秘诀**
**01**

眼妆效果是否自然与眼影的质地密切相关，
不同质地的眼影涂抹后呈现不同光感，应根据妆效选择适宜的种类，
眼影的水、油、粉含量各有不同，选择适合自身肤质的眼影打造贴合眼妆。

## 基础眼影
### 粉状眼影
### 打造柔和质感

◎最为常见，适合打造柔光质感的立体眼妆。

**显色度 ★★★★★　贴合度 ★★★**

→ 哑光感：不含任何珠光色泽，色彩多以纯色为主，可以单纯呈现柔和自然的色彩质感。适合眼睛浮肿、偏爱自然妆感者，也能运用在眼妆打底上，实用性和搭配度都很高。使用时以眼影刷逐层蘸压叠擦，不要一次下手过重，以免出现明显的色彩边界、浓度不均等问题。

→ 光泽感：添加亮粉颗粒，增加眼影明亮度，并让色彩呈现出光泽感和通透感。用潮湿的眼影刷蘸取眼影粉使用可使显色度加倍提升。使用前最好先在手背上刷一下后，再涂抹于上眼睑，以免饱和度高而造成妆感过重。

## 光泽眼影
### 霜状眼影
### 营造细腻光泽

◎质地滋润细腻，适合打造持久的自然感眼妆。

**显色度 ★★★　贴合度 ★★★★★**

→ 质地介于水状和膏状眼影之间，质感比较丰厚，可以负载更多的亮粉，所以多用来结合大颗粒亮粉，创造出荧光效果。有的作为眼部底霜，起到亮泽眼部肌肤、修饰黯沉肤色的作用，使后续彩妆的显色度更好。

## 润泽眼影
### 膏状眼影
### 打造滋润眼妆

◎质地与肌肤的贴合度较高，使眼睑呈现润泽感。

**显色度 ★★★★　贴合度 ★★★★**

→ 膏状眼影的质地较润泽，保湿且滋润度较高，效果呈现半透明、油亮、涂抹时容易延展开，但缺点是易脱妆，适合中性至干性皮肤。也可以当作打底眼影，增加粉状眼妆的持久度。

## 基础技巧

1.眼影笔：具有蜡质成分眼影笔，就像是加大版的有色眼线，多用在双眼皮的褶痕内，而且质地湿润平滑，最好要搭配使用眼影粉定妆。但是，对于眼部容易出油的人来说，眼影笔容易有掉妆晕色的情形。

2.眼影棒：眼影棒是最常见的眼影工具，由于眼影棒的海绵比起眼影刷质地更硬，色彩的抓服力较强，因此涂抹在眼皮上。会使色彩饱和度更高，非常适合用来做局部的点缀与加强，因此如果棒头越小、越尖，越能做更加精细地涂抹。

3.眼影刷：在晕染眼影时，毛尖柔软的圆形平头刷是最基础的工具，而扁平刷头和边缘收紧呈梯形的平头刷适合涂抹眼睛边缘和下眼睑、睫毛缝隙的细节部位，使用时根据涂抹的宽窄、细节勾画的不同要求，灵活变换刷头角度，选择适宜的刷形大小。

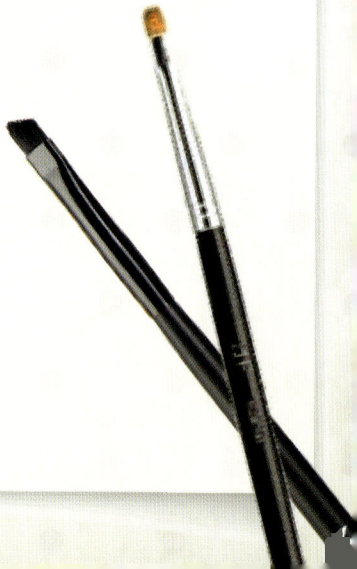

基础造型之
**眼妆秘诀**
**02**

借助层次感的变化
# 确定**眼影分布区域**
# 打造**眼部的自然层次**

眼影的分布区域与颜色搭配决定了眼妆的整体印象，
即使只用一个颜色，借助层次的变化，也能打造出立体眼妆，
巧妙运用深浅色，浅色适用于大面积提亮，深色用于收敛轮廓。

■ **眼影分布区域**
## 根据**眼部**的基本轮廓，确定
## 深浅色和亮色眼影的加入部位

◎涂抹眼影后，上眼睑的色泽要形成自然的过渡效果，才能达到使眼部自然深邃的目的。
◎涂抹眼影遵循浅色→深色→亮色的顺序；越靠近眼睑边缘，加入越深的颜色；越深的颜色，越窄幅地涂抹。

**眉头下**：眉头下方靠近鼻梁的位置，用暗色强调轮廓。

**眼角**：上、下眼角的连接处，靠近鼻梁，加入高光使眼部看起来更加润泽通透。

**下眼角**：下眼睑靠近眼角的部位，加入高光提亮，衬托出明亮的大眼睛。

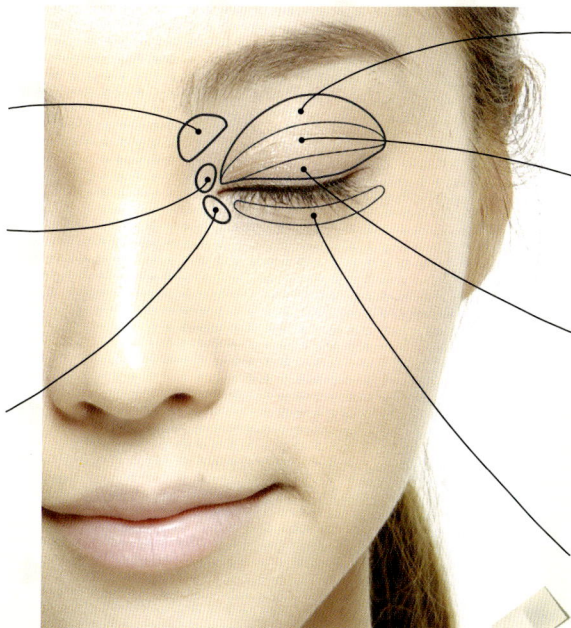

**眉下**：眼窝与眉毛下缘的狭长区域，涂抹亮色眼影，提升眼妆亮泽度。

**眼窝**：上眼睑眼球上缘的凹陷处，用浅色眼影晕染打底，强调光泽感。

**眼皮**：睁眼时上眼睑形成的褶皱区域，涂抹的眼影色最深，强调出眼部轮廓。

**眼下**：下睫毛的下缘，涂抹自然色的眼影，强调眼部深邃感。

**基础技巧**

1.一般按照浅色→深色→亮色的顺序涂抹眼影，在宽阔的部位涂抹浅色，再在狭窄部位用深色像画线般涂抹。

2.肤色黯沉不宜使用偏灰的冷色调，更适合淡黄色或浅茶色的眼影。对于初学者，使用同色系眼影，根据深浅色的涂抹部位，打造不同妆效，简单易行。如粉色与紫色、棕色与米色、茶色与墨绿色等，上眼影前在手背上试下颜色与用量，使着色更自然。

3.眼部底妆涂抹不均匀，容易导致眼影附着度不足而无法显色。另外，在涂抹粉状眼影前使用眼部底膏，也可以增加粉状眼影的显色度。

基础造型之
**眼妆秘诀**
**03**

富有深邃感的眼妆
## 用深、浅粉状眼影
## 打造立体、透明的双眸

珠光粒子的粉状眼影增添高光效果，增加眼妆光泽度，
分区加入深色与浅色，利用色调的自然过渡提升眼部的深邃感，
局部加入高光，增加光泽感的同时，强调出眼部凹凸的立体效果。

■ **基本涂抹方法**
## 上眼睑部分，用浅茶色和深茶色眼影
## 分区涂抹，修饰出自然立体感

◎将浅色粉状眼影较大面积地涂抹在
上眼睑，起到提亮作用，同时提升后
续眼影的显色度。
◎深色眼影要较窄幅地涂抹，沿上睫
毛边缘呈线状涂抹，颜色不要过于浓
重，与浅色眼影自然过渡。
◎用眼影棒的尖端沿睫毛根部窄幅地
涂抹下眼影，然后用棉棒稍作调整，
使颜色自然淡开。

**提亮整个上眼睑**

**打底**
整个上眼睑涂抹亮色眼影
**1.**用指腹将米白色的高光效果眼影大面
积涂抹在上眼睑，强调出凹凸部位的立
体感，薄薄地均匀晕开是要点。

**双眼皮处涂浅色**

**浅色**
双眼皮处添加浅茶色眼影
**2.**将浅茶色眼影用眼影棒涂抹在上眼
睑的双眼皮部位，涂抹范围以睁开眼
睛时能露出一点眼影为准。

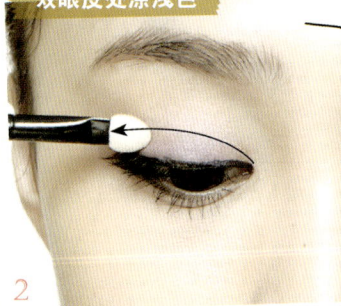

**边缘涂深色收敛**

**深色**
上眼睑边缘涂深色眼影
**3.**沿上眼睑的睫毛边缘，呈线
状窄幅涂抹深茶色眼影，眼影
色不要过深，否则会框住眼
睛，反而显眼小。

**用亮色自然过渡**

**融合**
用亮色融合眼影色
**4.**用眼影棒蘸取米白
色眼影，从眼角开始
向靠近眼尾处，沿双
眼皮的深色眼影边缘
晕染，模糊深色、浅
色的界限。

a.光影净化眼影。b.亚光双色眼影。
c.珠光四色眼影。d.五色眼影。e.眼影
棒/海绵棒。

**基础技巧**

1.用眼影棒调和眼影后先
在手上确认下混合后颜色
的深浅度是否合适，同时
去除滑刷头的多余粉末。

2.在上眼睑的凸出部分晕
染闪粉眼影，可以让眼部
看起来更加立体，质感也
更润泽。

◎利用高光改造眼角和眼尾的妆效，在保持原来妆容的前提下增强眼神的明亮度和自然的感觉。

◎眼窝的中央部位用高光色提亮，呈圆形涂抹，强调凹凸立体感，涂抹的面积不可过大，否则会造成肿眼泡的效果。

◎眼尾的小三角形区域添加收敛色，可以提升眼妆的深邃效果。但颜色不要过重，否则易显脏。

## 局部的晕染技巧

# 下眼睑、眼角、眼尾，用收敛色与高光色，塑造出凹凸轮廓

### 用深色晕染下眼睑边缘

#### 下眼睑

呈细线条状涂抹下眼影

1. 空出下眼睑距离眼角5毫米处不涂，用眼影棒蘸取深茶色眼影，呈细线条状向眼尾涂抹。

◎眼角用白色眼影提亮，眼尾用深色眼影收敛，通过明暗可以快速呈现立体轮廓。

◎呈细线状涂抹下眼影后，用高光色提亮眼角，提升眼神的明亮度。

### 提亮上下眼角营造明亮双眸

#### 眼角

眼角涂亮色眼影提升光泽度

2. 将米白色眼影局部涂抹在下眼角未涂抹眼影的空出部位，集中提亮，衬托出明亮的瞳孔。上、下眼角的衔接处，也就是眼部最靠近鼻子的部位，用米白色眼影局部提亮。

### 眼尾小三角形区域用收敛色

#### 眼尾

小三角形区域晕染深色强调轮廓

3. 用小眼影刷在靠近眼尾的小三角形区域点涂深色眼影，让目光更显深邃。用棉棒轻轻晕开黑眼球下方的眼影，模糊颜色，使下眼睑的色调更自然，避免眼影色过重使妆容显脏。

### 基础技巧

1. 在晕染下眼影时，不要涂抹整个下眼睑，否则容易显得呆板，只要窄幅涂抹黑眼球至眼尾即可。也可以只涂黑眼球下方，显得黑眼球更醒目。

2. 在眼尾的"三角区"增加内敛色是要点。用眼影刷在靠近眼尾的小三角形区域点涂眼影，并在靠近眼尾1/3处加入深棕色眼影，用内敛色使眼部轮廓更显立体、深邃。

基础造型之
**眼妆秘诀**
**04**

极具滋润感的眼妆
# 用**膏状眼影**打造**细腻的润泽眼妆**

膏状眼影质地较为细腻柔滑，与肌肤贴合度高，既可以单独作为眼影使用，又可用浅色作为眼部打底使用，配合指腹以拍按、晕染等方式涂抹，可以使膏状眼影与肌肤更加贴合。

■ **基础涂抹方法**
## 用指腹"自然晕染"的手法打造持久贴合的滋润眼影

◎用膏状眼影打造自然眼妆时，直接涂抹单色即可。作为打底色使用，可以消除眼周黯沉，提高后续粉状眼影的显色度。
◎配合指腹的涂抹、拍按、晕染等手法，使膏状眼影与眼部肌肤更贴合。
◎用指腹从眼睑边缘向眼窝涂抹并晕染开，使颜色从下至上自然淡开，形成色调的渐变效果。

a. 持久眼影霜。b. 亮米色眼影膏。c. 双色眼影膏。d. 遮瑕润色眼影底霜。

**遮瑕**
修饰眼睑的黯沉肤色
**1.** 在上眼睑点涂黄色系的眼部专用遮瑕底霜，用指腹轻轻涂抹均匀，调整上眼睑的肤色，并用海绵按压贴合，使后续眼影显色更饱满。

**涂抹**
用指腹在眼睑涂膏状眼影
**2.** 从眼睑边缘开始向眼窝涂抹亮色膏状眼影，从下至上将颜色淡淡晕开，塑造出浓淡的层次感。

**晕染**
晕染眉骨下方塑造立体感
**3.** 用指腹将眼影向眼角与眼尾部位晕染开，用指腹轻压使眼影与肌肤更持久贴合。

**用遮瑕底霜修饰**

**晕染亮色膏状眼影**

**向两侧延展开**

■ **基础技巧**
与粉状眼影不同，膏状眼影或液体眼影的滋润质地能和眼部肌肤紧密融合，使眼睑呈现润泽感。米色、乳白色等有高光效果的浅色眼影很适合在日常妆中使用，消除眼部黯沉的同时，能够呈现最自然的妆感。

**提亮下眼睑**

**下眼睑**
在下眼睑加入柔和光泽
**4.** 用棉棒蘸取少量含珠光粒子的浅茶色液体眼影，涂抹在靠近下眼角2/3的部位。

## 基础造型之 眼妆秘诀 05

**常见的眼线种类**

# 用**适宜**的眼线产品
# 呈现**精致**的轮廓线条

选择适合自己的眼线产品，才能画出完美的眼线，
不同种类的眼线产品，使用技法各有不同，要根据理想妆效的特点来选择，
挑选眼线笔的首要原则是使用起来方便顺手，配合描画技巧，打造自然线条。

### ■ 制造埋入感
### 眼线笔
### 打造自然眼线

◎用于描画自然感的内眼线与下眼线，也可以作为眼线打底。

→ 适合初学者使用，容易修正，易于在黏膜部位描画眼线。白色可以起到局部的美目效果。选择旋转式笔头更便于操作。
→ 沿睫毛根部进行描画，并针对细节部位填补空隙。只在眼梢处画得宽一些，可以瞬间使眼睛看起来会显大。

### ■ 提升清晰感
### 眼线液
### 打造纤细眼线

◎尖状造型很适合勾勒十分纤细的线条，使轮廓清晰利落。

→ 笔头尖尖的眼线液描画出的眼线线条感较明显，不容易修改，适合有一定基础者使用。对于初学者，可以选择笔头硬一些的眼线液，掌握起来更容易。
→ 眼线液非常容易着色，使用时可以分部位逐步勾画或局部用于眼尾，避免描画不平滑。

### ■ 提高融合度
### 膏状眼线
### 打造晕染眼线

◎配合眼线刷描画较粗的眼线或做出晕染效果，也适合用于拉长眼尾。

→ 膏状的眼线自然柔和，不易脱妆。最适合涂抹在睫毛之间，融合性较好的眼线用品。用眼线刷描画眼线，效果柔和自然，轻松提升醒目感。
→ 描画之前用刷子蘸取适量眼线膏，在手背上轻轻调色，使刷上的眼线膏更加均匀。

延展性 ★★★　线条感 ★★

延展性 ★★　线条感 ★★★★

延展性 ★★★★　线条感 ★★★

最具自然感的线条

# 用**眼线笔**描画**轮廓**
# 打造**基础**的**自然感眼线**

眼线笔上色较轻和容易修改的特点，更适合初学者使用，画眼线时，应沿睫毛根部进行描画，并针对细节部位填补空隙，棕色、茶色和灰色的眼线笔也是经常用到的颜色，可以提升线条的自然感。

## ▌基本描画方法

### 用铅笔式眼线笔以"填入式"手法
### 描画细腻柔和的自然内眼线

◎沿着睫毛根部的间隙，以填补描画的方式描画出顺滑的线条，不能露出泛白的肌肤或在睫毛上侧描画。

◎眼尾部位衔接上、下眼线，不要描画过于清晰的线条，容易花妆而显脏，用笔尖小幅度自然衔接即可。

◎描完眼线后，用棉棒沿线条上缘将色调晕染均匀，力度要轻，不要来回晕染，避免花妆。

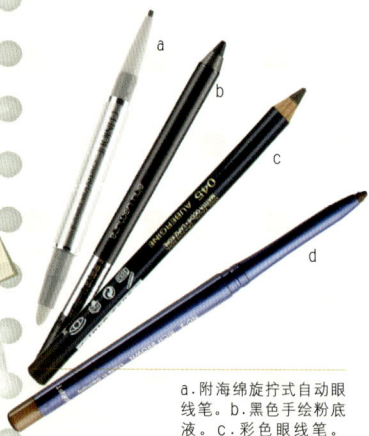

a.附海绵旋拧式自动眼线笔。b.黑色手绘粉底液。c.彩色眼线笔。d.防水眼线笔。

### 眼尾方向
来回移动小幅度描画

**1.**用眼线笔从眼部中央开始，沿着睫毛根部左右来回小幅度地移动笔尖描画至眼尾。

从中部向眼尾

### 眼角方向
描画眼线并晕匀线条

**2.**用眼线笔再从眼部中央向眼角小幅度地移动笔尖描画线条。眼角处的眼线不要描画的过粗，否则容易晕妆而显得妆面较脏。

从中部向眼角

### 下眼线
描画自然感的下眼线

**3.**眼睛稍向上看，用眼线笔沿下黏膜部位从眼尾到眼部中央，小幅度移动描画下眼线，笔触轻而平滑。

勾勒下眼线

### 调整
用棉棒柔化颜色

**4.**用棉棒轻轻沿睫毛根部来回小幅度晕染，使颜色更加自然柔和，避免生硬的线条感。

弱化线条感

## ▌基础技巧

**1**配合手指提拉上眼睑的动作，用眼线笔从眼尾开始向眼部中央，小幅度地移动笔尖，将睫毛之间的露白部位填满。

**2.**描画完，用棉棒在眼线边缘处小幅度地横向移动，仔细调整描画得不平整的地方，并轻轻晕染使线条更加均匀、平滑。

**■ 与睫毛融为一体**

# 左右小幅度移动笔尖
# 勾勒与睫毛根部融合的隐形眼线

◎描画眼线时，应用手轻轻按压并上提眼睑，使睫毛充分暴露出来，这样更便于沿着睫毛根部进行描画。

◎眼线笔容易修正，适合初学者使用，从眼尾开始向黑眼珠方向描画更不容易出错。

◎铅笔式眼线笔的笔芯较为柔软，所以运用"细碎地左右小幅度移动笔尖"的方式来填补睫毛间隙，便于描画出更清晰精致的线条。

◎以左右小幅度移动笔尖的方式填埋睫毛根部，不要一气呵成，来回描画3～4次会更自然。

◎眼线收尾时用笔要越来越轻，末端如果很粗的话，用手指将线条轻轻晕开。

**从眼尾向中央移动描画**

**描画**
**从眼尾开始描画**

1. 从眼尾向黑眼珠方向描画更不容易出错。轻提上眼皮，使边缘处的睫毛根部露出来，从眼尾向黑眼珠描画约1毫米宽的眼线。

**从眼角向眼尾左右移动描画**

**填充**
**从眼角向眼尾一点点描画眼线**

2. 从眼角向眼尾描画，边左、右来回移动笔尖，边一点点描画，仔细填满睫毛间隙，不要露出泛白的肤色。

**沿眼尾延长线水平拉长**

**强调**
**水平描画眼尾**

3. 从眼尾描画的眼线末端开始，沿眼尾延长线，水平向外描画3～5毫米眼线，进一步强调自然轮廓。

**基础技巧**

1. 使用正确的描画姿势可以使眼线的描画更加精致与轻松。将镜子置于下方，用手轻提上眼睑，更容易使睫毛根部充分显露出来，笔尖能准确地沿睫毛根部描画，填补空隙。

2. 打造自然眼妆时可以不画下眼线，或用眼影刷、棉棒蘸少量眼影从眼梢晕至眼部1/2处就可以了。

富有光泽感的线条
## 用眼线液勾画线条
## 打造精致的清晰感眼线

用极细的埋入式眼线和眼尾拉长式眼线来扩大双眸角度，显色性良好的液体眼线笔，在描画清晰感眼线时使用最为合适，细细的笔尖适合勾勒纤细的线条，光泽的质感轻松塑造深邃眼妆。

■ 基本描画方法
## 用眼线液以"单向描画"和"局部填补"
## 打造流畅的纤细感线条

◎液体眼线笔的笔触流畅、显色性良好，轻松描画出极细的埋入式眼线。
◎初学者可以先在确定的眼尾部位描画一小段眼线，再沿睫毛根部从眼角向眼尾描画线条并进行衔接。
◎眼线液未干时容易花妆，控制眼线液的用量很重要，描画前将笔头在纸巾上轻拭调整用量，或者选择速干型眼线液有效避免脱妆。

a.防水液体眼线。b.珠光眼线液。c.眼线笔/眼线液。d.保湿眼线液。

**从眼角向眼尾**

**描画**
从眼角向眼尾描画顺直线条
1.用手指轻轻拉起上眼睑，沿睫毛根部用眼线液从眼角向眼尾轻轻描画一条顺直的线条。

**延长眼尾线条**

**延长**
拉长眼尾的眼线
2.沿眼尾轻轻延长线条，不要顺眼形向下拉，而是向上下眼睑延长线的交叉点稍微拉长描画。

**填补眼尾三角区**

**填补**
仔细描画眼尾部分的眼线轮廓
3.从描画的眼尾末端，向下眼尾方向折回描画线条，形成一个小三角形区域，然后用眼线液的尖端仔细填补上小三角形中的空隙。

**调整线条细节**

**修整**
用棉棒修整线条
4.待眼线液略干一些时，用棉棒尖端轻拭眼尾处的眼线上方，修饰不平整的细节，使线条更顺滑。

■ 基础技巧
■ 使用蘸取式眼线液时，若笔尖上的眼线液蘸取过多，画出的线条就不容易纤细，且会结块脱妆，描画前应将笔头在纸巾上轻拭调整用量。

◎对于初学者，一气呵成不容易描画出顺畅的线条，可以将眼线分为几段分别描画再衔接，更容易掌握。
◎加粗上眼睑中部线条，纵向扩大眼型，延长眼尾的线条，横向拉长眼睛长度。

**提升效果的细节**

# 分段式描画与延长眼尾线条，简单修饰轮廓并扩大角度

◎用眼线笔描画上眼线时，要用手指将眼皮拉紧，描画出来的线条更平整顺畅。

◎眼尾最好一次完成，不要来回描画，才能让线条流畅。可以先用铅笔型的眼线笔进行打底。

**分段描画并整体衔接线条**

## 勾勒
从眼尾侧开始描画上眼睑的眼线

**1.** 沿睫毛根部上方分别从眼尾到黑眼珠边缘、眼头到黑眼珠边缘、黑眼珠中部描画眼线，并自然衔接上。

**延长眼尾线条拉长双眼**

## 拉长
眼尾描画2毫米长度的眼线

**2.** 沿眼尾轮廓用笔尖细细描画稍长一些的眼线，线条要处于眼尾的延长线上。之后用棉棒轻轻晕染一下，眼尾处要略向下、向外晕染。

**描画下眼线扩大双眼纵幅**

## 柔化
描画灰色下眼线

**3.** 用灰色眼线笔或眼线膏从眼尾到黑眼珠外侧开始描画下眼线，眼尾与上眼线不衔接，使用灰色眼线可以使眼部轮廓看起来自然不做作。

**基础技巧**

1.上眼皮中部是描画的重点，用笔尖左右移动细细描画，并与左右两边已画成的眼线略微重合，形成更自然的整体眼线。

2.用棉棒将下眼线晕染得自然一些，从眼角部分向内晕染开，注意不要过大面积抹开，否则会使整个下眼皮妆容显脏。待眼线液完全干透，用棉签蘸上少许乳液擦掉多余部分即可。

61

基础造型之

眼妆秘诀

08

提升线条的融合度

# 用眼线膏勾勒线条 打造细腻的润泽感眼线

眼线膏可以描画出密实且流畅的线条，
它的质地决定了上妆效果的服帖自然，并且拥有绝对的精致感，
摒弃了铅笔式的粗犷，也没有液体的难操控性，使用起来更滋润细致。

## 基本描画方法

### 用“埋入”与“融合”的手法描画出细致密实的线条

◎眼线膏具有“融合”和“埋入”的特点，配合眼线刷能描画出有微微渲染感的线条。在眼线膏没完全干时，用棉棒将线条晕开，可以制造出烟熏效果。

◎眼线膏需要配合扁平头的眼线刷使用，和斜角两种，选择刷毛柔软的扁平头刷，轻松调整线条的粗细。

◎膏体不要蘸取过多，均匀覆盖刷面一层就够了，而且刷头与眼皮的夹角要保持在45度。

a.灰色眼影膏/眼线膏。b.棕色眼线膏。c.棕色眼线笔。d.平头眼线刷。

向眼尾部分描画

**描画**

避开眼角一段距离向眼尾描画

1.离开眼角一段距离，用眼线刷沿睫毛根部向眼尾描画眼线，使眼线填满睫毛根部的空隙。

填补眼角线条

**补足眼角**

从眼角向眼尾描画

2.用眼线刷补足眼角处的线条，沿睫毛根部从眼角最前端开始轻轻描画，再慢慢拉伸向眼尾。

补画眼尾部位

**补足眼尾**

用眼线笔描绘下眼线

3.重复描画靠近眼尾的1/3部分，补足眼尾处的眼线。描画时不要向下看，线条容易描粗，视线保持平视更便于描画。

描画下眼线

**下眼线**

描绘自然下眼线

4.用茶色眼线笔描画下眼线，从眼尾开始，沿睫毛根部细细描画靠近眼尾1/3的部分。

基础技巧

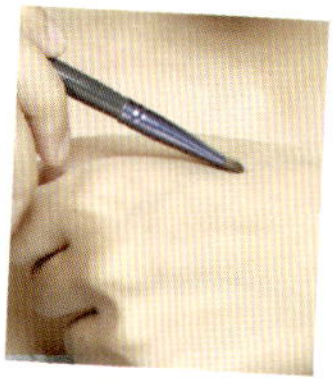

用眼线刷蘸取适量眼线膏后，在手背上轻刷一下，去除刷头的多余膏体，并调整颜色的浓淡。涂眼线膏的刷头适宜选择平头刷，侧面可以呈一条线，便于画出精细的眼线。

■ 提升印象的画法
# 眼尾弧度、亮色下眼线的重点描画
## 突出自然轮廓与润泽感

◎描画时要紧贴睫毛根部。如果无法一笔完成眼线，也可以分三条短线：眼角、中央、眼尾，依次完成。

◎内双眼皮的眼角至眼部中央的眼线不要过宽，容易使眼皮显得更小。

◎上眼线由内眼角画至眼尾，末端微微向上翘，下眼线则由眼珠中央向外画至眼尾，基本上适合所有眼形。

◎先在睫毛根部上缘描画线条，然后再拉起眼皮将睫毛根部间隙填补好，更容易描画成功。

◎眼尾线条随着眼睛轮廓微微扬起，约描出5毫米即可，要与整体线条保持一定平行，收尾时用力要渐渐放松。

### 填补睫毛间隙 打造致密感

**描画**
填入睫毛间隙描画

**1.** 描画时，从眼角下笔容易一开始就涂厚重，先从眼珠外侧描至眼尾，再补画眼角部位的眼线。也可分别描画眼角、中央、眼尾并自然衔接上。

1

### 中部与眼尾的线条

**强调**
黑眼球上方的粗度与眼尾的角度

**2.** 用眼线刷将黑色眼线膏重叠涂抹在黑眼球上方，中间最高，略成拱形。眼尾上扬的高度不要过大，顺着眼尾的弧度微微上扬才会显得自然。

2

### 提升双眸的润泽感

**内眼线**
描画亮色内下眼线

**3.** 用棉棒蘸取亮色眼线粉，在贴近下眼睑黏膜部位描画内眼线，从眼尾轻轻描画到眼角，用润泽的眼线使白眼球看起来更洁净。

3

■ 基础技巧

1.膏体不要蘸过多，均匀覆盖刷面一层就够了，描画眼线时，刷头与眼皮的夹角要保持在45度，这样可以避免睫毛剐蹭到眼线膏，且应先画眼线再夹睫毛。

2.对于单眼皮或内双眼皮，可以将眼尾处的上眼线稍微向下勾画一些，顺原本的眼形自然覆盖住睫毛间隙，并在眼尾处稍稍加粗，可以使双目显得更有神。

①

②

基础造型之
**眼妆秘诀**
**09**

常见的睫毛夹种类

# 选择适宜的睫毛夹
# 打造全方位的卷翘睫毛

睫毛夹是一种可使睫毛弯翘的工具，操作需要技巧性，常用的有整体睫毛夹、局部睫毛夹和电烫睫毛器，选购睫毛夹时，夹子的弧度要能配合自己的眼睛，夹合处的胶条要平整均匀，使用起来舒适顺手的睫毛夹可以有效避免损伤睫毛。

## ■ 强调整体卷翘

### 整体睫毛夹
### 塑造整体卷翘感

◎用于将整个睫毛打理卷翘的睫毛夹。

→ 要根据个人的眼窝弧度，选择弧度与幅宽适合的睫毛夹，避免夹到中间、夹不到两边，一般深眼窝用弧度大的睫毛夹；平眼窝用弧度小的睫毛夹。

**弧度**：许多进口的睫毛夹都有弧度过大的毛病，要小心比较。亚洲女性多数更适用弧度较小的睫毛夹。

**夹头胶套**：夹头的胶头不能太硬，若产品存放过久才出售，橡胶头也会氧化变硬，购买时要格外注意。

**执夹位置**：传统睫毛夹设计像剪刀，其实不甚顺手，新的设计可免却使用者指头大小不一的问题。

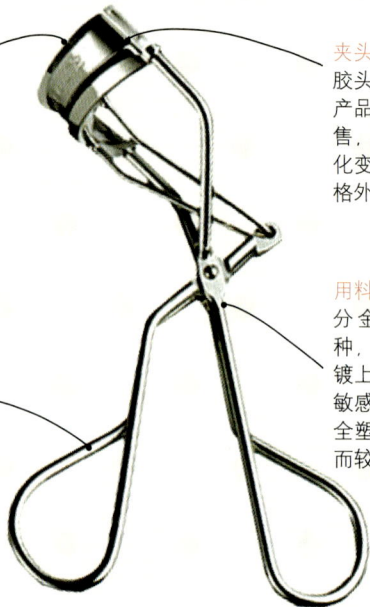

**用料**：睫毛夹主要分金属与塑胶两种，金属表面可能镀上镍表层，皮肤敏感者慎用。一些全塑胶的睫毛夹反而较安全。

## ■ 强调局部卷翘

### 局部睫毛夹
### 修饰短小睫毛

◎用于将局部睫毛打理卷翘的睫毛夹。

→ 专门针对眼角和眼尾的睫毛，将夹头设计成宽度较窄和弧度较小的样式，便于更加精准地夹取短小睫毛。

## ■ 强调持久定型

### 电烫睫毛器
### 打造持久卷翘

◎利用电热原理将睫毛软化并烫至卷翘的工具。

→ 使用时打开开关先加热15秒，然后将前端置于睫毛上，轻轻地托起并保持5-8秒后移开，根据需要的卷翘度重复以上操作。

**基础技巧**

1.夹弯的睫毛，从正面、侧面看都应该自然卷翘，如果只用睫毛夹向上夹一下的话，会使睫毛呈直角翻起，看起来很不自然。不过也不要为了充分上卷就用力夹弯，否则很容易弄断睫毛。

2.眼窝弧度因人而异，深眼窝适合弧度大的睫毛夹；眼窝平选择弧度小的睫毛夹。否则很容易只夹到中间却夹不到两边，对于眼角或眼尾总夹不到的细小短睫毛，用局部睫毛夹更顺手一些。

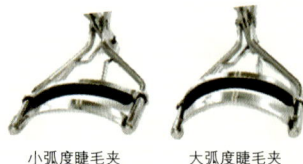

小弧度睫毛夹　　　大弧度睫毛夹

## 基础造型之 眼妆秘诀 10

夹卷又不伤到睫毛

# 睫毛夹的配合使用
# 令睫毛呈现持久卷翘

夹卷的部位与使用力度是成功打造卷翘睫毛的关键，
按根部→中部→梢部的顺序小幅度移动睫毛夹来夹弯睫毛，
选择适合自身眼部弧度与长度的整体睫毛夹，局部睫毛夹也必不可少。

### 基本使用方法

## 用"左中右三段式"的方法
## 夹卷睫毛，打造完美扇形翘睫

◎夹睫毛时，夹子不可过于紧贴睫毛根部，力道也要控制得当，才不会伤到眼皮。
◎运用电烫睫毛器来做辅助，可以轻松将睫毛夹至卷翘，而且弧度更加自然和持久。

### 三段式夹法 打造自然弧度

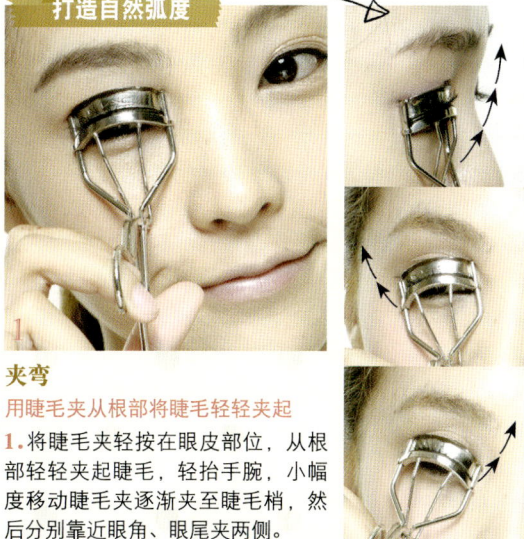

**夹弯**

用睫毛夹从根部将睫毛轻轻夹起

1.将睫毛夹轻按在眼皮部位，从根部轻轻夹起睫毛，轻抬手腕，小幅度移动睫毛夹逐渐夹至睫毛梢，然后分别靠近眼角、眼尾夹两侧。

### 电烫睫毛器 提升翘睫持久度

**电烫**

充分展开上下睫毛

2.用电烫睫毛器从上睫毛根部沿睫毛生长方向向上逐渐移动至睫毛梢，调整上睫毛弯度。再置于下睫毛上方，从根部向下逐渐移动至睫毛梢。

◎上睫毛从根部到梢部分三次夹卷，用力的程度的分别是：睫毛根部＞中间部分＞睫毛梢部。

◎下睫毛比上睫毛短，夹两次即可，如果觉得不顺手，用电烫睫毛器更容易掌握。

### 基础技巧

1.眼尾与眼角处的睫毛细小，用局部睫毛夹从根部夹住眼角与眼角的睫毛，然后再小距离移动睫毛夹，将眼尾睫毛夹至卷翘。力度要轻柔，避免折断细小睫毛。

2.将睫毛夹卷翘之后，用手指轻柔从睫毛下方向上抬睫毛，将睫毛的弧度调整均匀，左右轻揉，使睫毛展开，呈现出完美扇形。

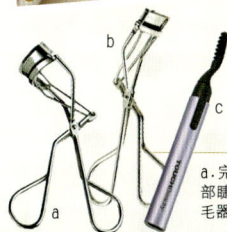

a.完整睫毛夹。b.局部睫毛夹。c.电烫睫毛器。

65

基础造型之
**眼妆秘诀**
11

常见的睫毛膏种类
# 选择**适宜**的睫毛膏
# 打造**理想**的睫毛效果

睫毛膏可以使原来色泽暗淡、稀疏短小的睫毛变得乌黑，并具有良好的定型效果，使睫毛浓密，纤长，卷翘，更加富有存在感，了解睫毛膏的刷头和成分，结合想要打造的效果，选择一款合适的睫毛膏。

## ■ 修饰短小睫毛
### 加长型睫毛膏
### 打造纤长睫毛

◎纤维成分含量较多，快速提高睫毛纤长感。

→ 具有增长效果的睫毛膏，在成分中添加了纤维，减少了凝胶和蜡的比例，比较适合睫毛稀疏短少的女性。

## ■ 修饰稀疏睫毛
### 浓密型睫毛膏
### 打造浓密睫毛

◎油脂和蜡的成分较多，可以加粗睫毛直径。

→ 添加胶原蛋白、维生素E等成分，滋养并促进睫毛生长，使睫毛变密。不过容易使睫毛纠结在一起，适合过稀疏的睫毛。

## ■ 避免脱色花妆
### 防水性睫毛膏
### 提升持久效果

◎可有效防止晕妆，但要更加精细和彻底地卸妆。

→ 具有防水功能，不会粘污汗液和泪液，一般在游泳时或易出汗的夏天使用，但是防水睫毛膏涂抹时间过长就很难擦拭干净。

## ■ 避免脱色花妆
### 卷翘型睫毛膏
### 打造持久卷度

◎可有效防止晕妆，但要更加精细和彻底地卸妆。

→ 比较适用毛束粗硬或平直的睫毛，不需要使用睫毛夹，就可以持久卷翘。

## ■ 常见的刷头种类
### 不同刷头类型
### 营造不同效果

◎睫毛膏刷头的粗细、弯曲度和刷毛的密度决定了涂抹后的效果。
◎掌握各类睫毛膏的刷头特点，根据希望打造的睫毛效果，选择合适的刷头类型。

| 长直形刷头 | 长直型螺旋刷头能将纤维均匀附着在睫毛上，刷毛间距越宽，越浓密，间距越窄，越纤长 |
|---|---|
| （塑造浓密纤长睫毛） | |

| 梳子型刷头 | 齿型梳设计让睫毛变粗密、根根分明，齿距越密，睫毛越根根分明，但没有明显的塑形效果 |
|---|---|
| （让睫毛变粗密、根根分明） | |

| 方形刷头 | 方形刷头可以将中部睫毛拉长，眼角与睫尾睫毛变浓密，使睫毛呈放射状上翘，较适合东方人 |
|---|---|
| （让每根睫毛呈放射状散开） | |

| 细小刷头 | 刷毛间距较大的细小刷头，越容易把握细节的着色，还能避免刷蹭到眼皮上，适合刷下睫毛。 |
|---|---|
| （下睫毛也容易把握） | |

| 弯月形刷头 | 适合打理较平直的睫毛，贴合睫毛的弧度，从眼角、中部到眼尾，刷出根根卷翘的效果 |
|---|---|
| （卷翘度更持久） | |

| 多功能刷头 | 纤维型刷头适合于短且稀疏的睫毛，自动旋转式刷头能快速包覆每根睫毛，均匀上色，简易完妆。 |
|---|---|
| （快速修饰短小睫毛） | |

## 基础造型之 眼妆秘诀 **12**

刷出漂亮的上睫毛

# 用睫毛膏分段刷涂 打造立体的扇形上睫毛

先夹卷睫毛再涂睫毛膏是打造睫毛完美弧度的基本要领，
根部Z字形涂抹，稍部垂直向上拉，制造既浓密又纤长的效果，
眼中、眼角和眼尾要按不同的方向刷涂，才能使睫毛呈现放射状。

### ■ 基本刷涂方法

## 用"左中右三段式"的方法 刷涂睫毛，打造舒展放射状美睫

◎再刷涂睫毛膏前，先用睫毛夹夹卷睫毛是加强卷翘度的关键。

◎将睫毛按不同部分进行不同方式的刷涂。中部的睫毛要向上刷涂，眼角的睫毛要向眉头方向刷涂，而眼尾的睫毛则要向太阳穴方向刷涂。

◎横向使用睫毛膏向上带睫毛，纵向用刷头固定根部与拉长，随时改变刷头的使用方向，使效果更加完美。

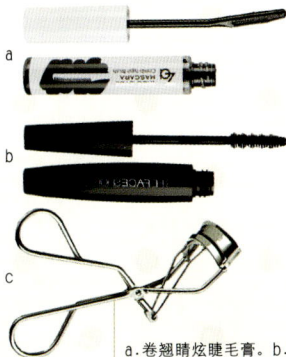

a.卷翘睛炫睫毛膏。b.纤长睫毛膏。c.睫毛夹。

**从根部夹睫毛**

### 夹卷
将睫毛夹至卷翘并梳理通顺

**1.**眼睛向下看，将睫毛夹轻轻按在眼皮部位，轻抬手腕，按根部、中间、稍部的顺序移动睫毛夹，将睫毛夹至卷翘，然后用睫毛梳将睫毛梳理通顺。

**横刷**
横握刷头刷涂中部与尾部睫毛

**2.**从睫毛根部开始，横向使用睫毛膏刷涂眼部中央和眼尾的睫毛，眼部中央向前刷，眼尾向太阳穴刷。

**充分展开眼角**

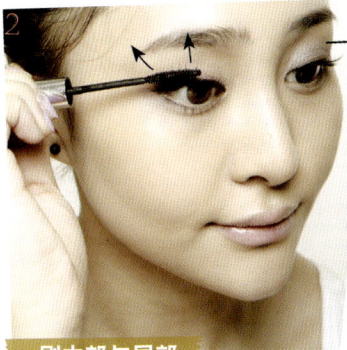

**刷中部与尾部**

### 竖刷
竖握刷头刷涂眼角睫毛

**3.**眼角向眉头刷，使睫毛呈放射状卷翘，最后用睫毛梳梳理开纠结处，使睫毛根根分明。

### ■ 基础技巧

**1.**睫毛要呈放射状舒展开，才会最大程度达到扩大眼形的作用，夹睫毛和涂睫毛膏时，应按中部、眼角部位、眼尾部位三部分来调整。

**2.**用螺旋睫毛梳将粘结的睫毛梳开，梳理时不要只梳理睫毛稍部，要插入睫毛根部，然后向稍部梳理。

**拉长**
纵向拉长睫毛

**4.**用纤长型睫毛膏纵向拉长每一根睫毛，不要从根部涂，容易导致睫毛下塌，只需要涂在睫毛稍部。

**提升纤长感**

基础造型之
**眼妆秘诀**
**13**

刷出漂亮的下睫毛
## 用**睫毛膏**多角度刷涂
## 使**细短下睫毛**变卷翘

多数人的下睫毛都较为细短，难以打理出弧度，
配合电烫睫毛器，纵、横两种方法使用睫毛膏刷头刷涂睫毛，
改善下睫毛短、淡的问题，轻松实现向下翻卷的效果，提升下睫毛的存在感。

**■ 基本刷涂方法**
## 变换刷头使用方向
## 将短小睫毛轻松塑造出完美弧度

◎使用睫毛夹夹卷下睫毛的方法不容易掌握，而利用电烫睫毛器烫卷下睫毛就会容易很多，将电烫睫毛器抵在下睫毛根部，轻轻向下压着熨烫。
◎选择刷头细的睫毛膏纵向刷涂下睫毛，更容易使每一根都均匀着色。
◎睫毛膏的用量容易导致下睫毛粘结，涂抹前应在瓶口先拭去余膏体。

**竖向一根根涂刷**

**电卷下睫毛**

**烫卷**
电卷棒卷烫下睫毛
**1.**短小的下睫毛不易用睫毛夹卷，用电烫睫毛夹从下睫毛的上方轻轻向下压，可以快速卷烫出弯度。

**竖刷**
纵向使用细睫毛刷头一根一根地刷
**2.**用细小的刷头一根根纵向刷下睫毛，在梢部轻轻拉长，眼角与眼尾的短小睫毛用刷头仔细刷。

**边轻压边涂刷**

**横刷**
睫毛刷横向刷涂下睫毛
**3.**用睫毛膏横向从下睫毛的根部向睫毛梢部刷涂，用刷头轻压睫毛使毛束向下弯卷，并增加下睫毛的分量感。

a.浓密睫毛膏。b.下眼睫毛膏。c.电烫睫毛器。d.睫毛刷/睫毛梳。

**■ 基础技巧**

1.睫毛膏用量过多是导致睫毛粘结的原因，涂抹前应在瓶口先拭去多余的膏体，或者将睫毛膏在纸巾上轻拭去多余膏体。

2.如果睫毛膏沾到眼周的肌肤上，可以先用棉棒轻轻拭去膏体，然后用干净的棉棒蘸取少量粉底液，轻抹在刚刚沾染的地方并晕开。

**整理下睫毛**

**梳理**
将下睫毛梳理通顺
**4.**用睫毛梳轻刷下睫毛，将纠结的毛束梳理通顺，移动钢梳，将眼角与眼尾的细小发束梳理通顺。

基础造型之
**眼妆秘诀**
**14**

打造以假乱真的效果
# 假睫毛的自然佩戴
## 展现浓密卷翘的长睫毛

佩戴假睫毛是塑造美睫、修饰眼形的最快速有效的方法，选择一款适合理想妆效假睫毛，自然无梗型最为适合日常妆使用，从基础裁剪到粘贴技巧，只有掌握正确的佩带方法，才可以达到自然效果。

---

### ■ 粘贴前的准备工作1
## 调整假睫毛的长度与弯度
## 使假睫毛与眼形吻合

◎假睫毛长度要根据眼睛长度进行修剪，粘贴时假睫毛不要太靠近眼角，应在眼角处空出1/5长的一段距离。

◎将假睫毛用手指来回弯曲，使毛梗变得柔软有弧度，使假睫毛更服帖。

**修剪假睫毛长度**

空出2毫米

**长度**
确认适宜的长度
1.从距离眼角2毫米处开始至眼尾，确定假睫毛的长度。

**从前端修剪**

**修剪**
剪去多余部分
2.假睫毛的前端一般要剪去5毫米左右，空出容易穿帮的眼角部位。

**黏贴前梳理**

**梳理**
将假睫毛充分梳通
3.假睫毛的毛束容易纠缠在一起，要用睫毛梳从假睫毛的梗部开始向睫毛稍梳理通顺。

---

### ■ 粘贴前的准备工作2
## 调整自身睫毛
## 提升真假睫毛的贴合度

◎通过将自身睫毛夹卷翘，并涂抹睫毛膏，可以将睫毛打理出弧度，避免粘贴上假睫毛后出现明显的分层现象。

**夹卷自身睫毛**

**夹卷**
将睫毛夹出弧度
1.粘贴假睫毛前要先用睫毛夹将自身的睫毛夹出自然弧度，使真假睫毛的卷度一直，更自然地融合在一起。

**涂抹睫毛膏**

**打底**
刷睫毛膏打底
2.用纤长型睫毛膏快速涂刷一下上睫毛，不要涂刷得太厚，否则粘贴上假睫毛后会显得不自然。

**基础技巧**

■ 若假睫毛的梗部发硬，用手捏住假睫毛两端，来回轻弯几下使其变柔软。也可以把假睫毛缠在睫毛膏或管状工具上，自然弯出弧度，与眼睑更贴合。

**自然的粘贴方法**

# 粘贴技巧及粘贴后的调整
## 打造贴合度高的自然无痕长睫毛

◎透明毛梗或者无毛梗的假睫毛效果较为自然，贴合，适合打造自然的效果。

◎粘贴假睫毛时，需要合理控制胶水的用量，将胶水放在手背上，用睫毛根部蘸取，可以防止胶水使用过多。

◎从眼尾或者眼睛中部开始粘贴假睫毛，因为眼角部位是最容易翘起的地方。

◎真假睫毛的角度要调整的自然融合，避免出现上下分层的状态。

**合理控制胶水的用量**

### 点涂
点涂上胶水

1. 从瓶口蘸取睫毛胶，在假睫毛根部，点涂上睫毛胶水，用量不要过多，以免梗部变粗，黏贴后会显得不自然。

**用指腹调整增加睫毛贴合度**

### 调整
用指腹轻轻调整假睫毛

3. 用指腹轻轻调整假睫毛角度，手指的角度会增加睫毛的贴合度，使真假睫毛融为一体。

**从中部开始向眼角和眼尾粘贴**

空出2毫米

### 粘贴
用镊子黏贴假睫毛

2. 沿眼形从距离眼角2毫米处开始至眼梢，避开眼角不贴。用镊子夹住假睫毛中部，按中间、眼角、眼尾的顺序逐步粘贴。

**夹卷提升真假睫毛融合度**

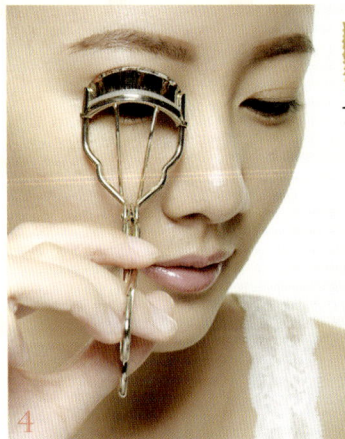

### 夹卷
睫毛夹加强睫毛卷曲度

4. 用睫毛夹夹卷睫毛，依次夹住根部、中部和末梢部分三次将睫毛夹至卷翘，使真假睫毛自然融合在一起。

**基础技巧**

1. 点涂胶水后，不要马上贴，应将假睫毛上的胶水轻轻吹至半干的状态，使假睫毛更易快速贴合，不易错位。

2. 粘贴完假睫毛后，用液体眼线笔沿着睫毛根部边缘勾勒出细细的眼线，填补睫毛间隙，自然遮盖住贴合处。

基础造型之
**眼妆秘诀**
**15**

局部添加睫毛修饰眼形
# 局部假睫毛的粘贴
## 提升睫毛的华美感

用1/3段假睫毛或单束假睫毛填补在眼睑局部修饰眼形，眼睛偏长，可以粘贴在上眼睑中部，眼睛偏圆，则可以粘贴在眼尾，下假睫毛则可以轻松加宽眼睛的纵向幅度，使眼睛看起来更加圆润明亮。

### ■ 眼尾假睫毛的粘贴
## 塑造纤长眼形
## 只粘贴眼尾的局部假睫毛

◎在粘贴假睫毛之前，最好先将自身的睫毛用睫毛夹轻夹至卷翘。

◎眼尾睫毛的长度大约是整支假睫毛长度的1/3，比贴完整假睫毛操作起来更简单一些，适合初学者。

◎在给假睫毛涂抹胶水之前，最好先放在眼睛的边缘确认一下最佳位置，接下来的操作就不容易失败了。

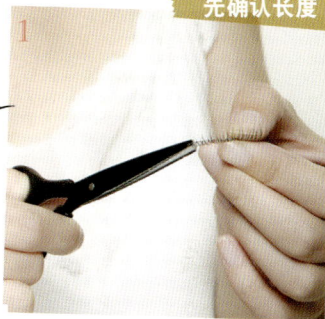

**先确认长度**

**调整**
修剪长度点涂胶水
1. 用眼尾专用假睫毛或用完整假睫毛修剪成眼睑的1/3宽，在根部点涂胶水，毛束偏长的外端多涂几下。

**从眼尾开始粘贴**

**粘贴**
从眼尾向眼角粘贴
2. 用镊子夹住假睫毛的外端，从眼尾开始粘贴，逐步固定中央、眼角，这样不容易脱落，睫毛外端不要超过眼尾外缘。

**用指腹调整**

**按压**
用指腹按压使真假睫毛融合
3. 趁胶水未干，轻轻捏住眼尾处的睫毛几秒，使真假睫毛更好融合。

a

b

c

d

a.假睫毛胶水、辅助黏贴架组合。b.假睫毛胶。c.接睫毛辅助夹。d.黑色眼线液。

**描画细眼线**

**眼线**
眼线的横向勾勒
4. 沿睫毛根部描画细眼线修饰粘贴处，眼尾自然上扬，强调横长感。

**基础技巧**

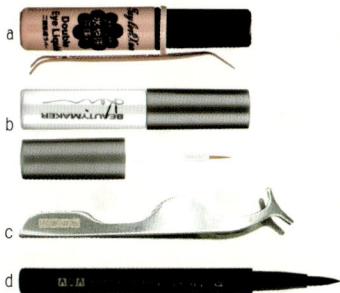

静待几秒钟

■ 将局部的假睫毛确认长度、位置与角度，避免出错，然后用棉棒蘸取适量睫毛胶，点涂在假睫毛的梗部并薄薄涂开，等上几秒钟，在胶水半干状态下粘贴。

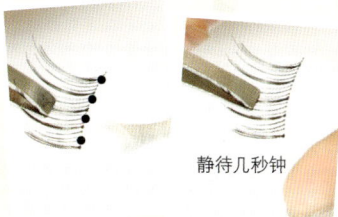

**■ 下假睫毛的粘贴**

# 用整幅的下假睫毛
# 塑造根根分明的效果，扩大眼形

◎下睫毛能扩大眼睛纵幅，使眼型变得圆润，当上下睫毛呈现放射状时，就能创造眼睛轮廓的最大值。

◎画眼影时，使下睫毛难免沾染到一些粉屑，用睫毛梳轻轻刷掉，避免影响到后续下睫毛的粘贴效果。

◎粘贴假睫毛前，用电烫睫毛器烫卷下睫毛，使睫毛呈现放射状，注意手法要轻巧、快速，注意避免折痕，然后使用睫毛底膏来延长自身下睫毛的长度。

◎粘贴眼尾假睫毛前，应将眼尾的眼线适当延长并微微上扬，拉长眼尾的效果会更加明显。

◎根据自身下睫毛的密度，可以将整副睫毛剪成一束一束的在进行粘贴，效果会更加自然。

**纵向 一根根仔细刷**

**刷涂**
在自身下睫毛刷涂睫毛膏

**1.** 在粘贴假睫毛之前，用睫毛膏刷涂下睫毛。纵向使用刷头，一根根充分刷涂下睫毛。

**在睫毛下方 贴假睫毛**

**粘贴**
在睫毛下缘粘贴假睫毛

**2.** 在睫毛稍下面的位置粘贴假睫毛，初学者如果操作不熟练，可以只贴眼梢部分，效果自然且不容易出错。

**轻刷睫毛膏 促进融合**

**刷涂**
快速刷涂下睫毛

**3.** 贴假睫毛后，横握刷头，从上向下快速轻刷下睫毛，中部、眼角、眼尾一带而过即可，不要过于用力，否则容易刷掉假睫毛。

**■ 基础技巧**

**1.自然无梗假睫毛：**

↑ 适合初学者使用，透明的梗部设计使佩戴效果更自然、粘贴处不留痕迹，用于打造日常的自然妆容。

**2.单束假睫毛：**

↑ 梗部较柔软的单束假睫毛，佩戴简单，成妆效果十分自然，中部纤长、两端等长，凸显大而圆的轮廓。

**3.交叉型假睫毛：**

↑ 靠近梗部的毛束比较浓密，前端纤长的假睫毛类型，可以塑造出清晰的眼部轮廓，适合长眼形使用。

**4.单株假睫毛：**

↑ 在粘贴完整假睫毛后贴几株，填补睫毛稀疏部位，用于眼尾可拉长眼形，用于下睫毛时应选择透明梗。

根据眼形调整画法

# 6种常见眼形问题的基本眼影与眼线画法

不同眼形在上妆时要配合眼部外形进行修饰，
通过化适合自己眼形的眼妆，可以弥补眼形上的缺陷，
打造出立体、富有质感的眼部轮廓，使整体印象更完美。

## ■ 基本眼形1
## 单眼皮
### 制造眼部的深邃感

◎用三色眼影平涂的方式，将眼窝打造出自然的深邃感。
◎在睫毛根部以及黏膜边缘描画出极细的内、外眼线。

**眼影**
深浅三色平涂

　　用深浅三色眼影以平涂的手法打造出自然层次感，或者利用珠光感深色眼影沿睫毛根部描绘整个下眼睑，上眼皮只增加光泽感，一样会有放大眼睛的效果。

**眼线**
用眼线笔画细眼线

　　不宜画包围式眼线，使用黑色眼线笔在睫毛根部以轻点的方式描绘出极细眼线，并将眼尾眼线延伸拉长，沿黏膜描画出内眼线强调出眼部的深邃感。

## ■ 基本眼形2
## 内双眼皮
### 凸显眼窝的层次感

◎用大地色系的深色、浅色及中间色搭配使用，从视觉上扩大双眼皮宽度。
◎描画极细眼线，避免较粗的线条将双眼皮的褶痕遮挡住。

**眼影**
用渐层画法突出轮廓

　　选择渐层的画法，用肤色眼影打底增加明亮度，然后在眼窝处以中间色化出层次感，最后用深咖啡色在靠近睫毛增加立体感，大地色系是安全又能让眼形放大的选择。

**眼线**
逐渐加粗式的上扬眼线

　　避免整体画粗眼线，眼角处的眼线越细越好，从眼睛中部开始描画基本粗度的眼线，最后在眼尾处微微加强眼线粗度及长度，让眼形自然呈现上扬效果。

## ■ 基本眼形3
## 细长眼
### 强调圆润立体感

◎强调眼尾部分的上下眼线，自然地纵向加宽眼形，并且不显呆板。
◎环绕眼部的亮色与眼部中央的深色，快速提升圆润度。

**眼影**
深浅色打造明暗对比

　　利用暗色增加眼睛中央的面积，将亮色如同环绕眼尾一般地由眼窝涂刷至下眼睑，将瞳孔上方的眼睑处加粗涂抹深色眼影，并向眼头刷晕，如此将可取得平衡。

**眼线**
眼线笔与眼线液搭配

　　用黑色眼线笔在上眼睑和下眼睑靠近眼尾3mm处画眼线，再用眼线液从眼角向眼尾勾勒内眼线，重复描画上眼睑的眼线处，用深茶色眼线膏将眼尾小三角区填满。

## 基本眼形4
# 眼尾上扬
## 制造下拉感

◎加强眼角部位眼线的粗度及眼影的深度，以平衡上扬眼尾。
◎在下眼睑眼尾的部位涂抹深色眼影，将眼尾的位置向下拉。

**眼影**
打造过渡效果眼影

加重内眼角上方的眼影颜色，逐渐过渡到眼尾处，眼尾处要用浅色的眼影；沿下眼睑边缘暗色，然后在眼尾处加宽加长，将眼角向下拉。

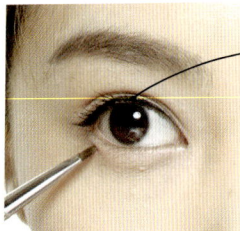

**眼线**
强调眼角至中部

在眼角至眼中加强约1/2眼线的粗度，下眼睑眼线随眼形描绘，在眼尾处用眼影刷将眼线向下晕染，平衡过于上扬的眼睛。

## 基本眼形5
# 下垂眼
## 营造上提感

◎上眼睑的眼尾晕染深色眼影，下眼睑的眼尾晕染浅色眼影。
◎加粗眼尾处的上眼线并适度上扬，使眼尾有被提拉的效果。

**眼影**
深浅色制造上扬效果

眼角用浅色眼影，要画的轻盈，眼影面积不宜太大，接近眼尾处眼影颜色可以加深并且逐步上扬。而在下眼睑下垂出用提亮色眼影提亮。

**眼线**
重点放在眼尾处

加粗眼尾处眼线，让眼睛张开后眼形呈圆弧型，眼尾有上提感。在眼头内侧与内眼睑交接画上内眼线，使眼神更连贯。

## 基本眼形6
# 肿眼泡
## 提升紧致感

◎上眼睑加入冷色体现收缩感，不要使用有膨胀感的亮色。
◎描画出较粗的上眼线和内眼线，起到收敛轮廓的效果。

**眼线**
拉长眼形的眼影

描画内眼线和较粗的外眼线，眼尾线条微下垂后在末端小幅度上扬，在下眼睑靠近眼尾1/3部分勾勒下眼线收紧轮廓。

**眼影**
用冷色系收敛眼部轮廓

用亮色眼影涂抹于外眼角和眉骨位置，运用冷色系涂于上眼睑浮肿处。要避免在上眼睑大面积使用浅色及闪光眼影，否则会让眼睛看起来更肿。

## 基本眼形7
# 圆眼睛
## 强调细长感

◎横向涂眼影配合眼尾处的深色，从视觉上拉长眼部轮廓。
◎加眼角与眼尾略拉长描画眼线。

**眼影**
拉长眼形的眼影

运用眼影横向晕染法使眼形拉长，在眼头和中间部位涂上亮色眼影，而眼尾处运用深色的眼影可以是眼睛显的细长。

**眼线**
用清晰眼线矫正眼形

用黑色眼线液描画一条较粗的眼线，眼尾略长并顺眼形略向下描画，眼睛稍画出来一些，然后用黑色眼线笔沿上眼睑黏膜处描画内眼线，下眼线从靠近眼角处的黑眼珠开始向眼尾描画。

基础造型之
**唇妆秘诀**
**17**

■ 眼妆基础答疑
# 解决**常见眼妆烦恼**
# 使眼部妆容自然有层次

一个完美的眼妆可以使眼形更加完美，眼神更加明亮，
可是妆效不够通透、持久等问题却时常困扰，
如何让眼妆完美无瑕呢？看看下面眼妆中最常见的问题，也许会找到答案。

---

### ■ 常见问题1
## 描画眼线时，线条总是画得
## 不够顺畅，如何解决？

◎对于初学者，看似简单的眼线很难一笔就画好，这时
可以一点点地移动笔尖或呈点状描画，也可以将整个眼
线分成三部分描画并衔接。

1. 描画眼线时，左右小幅度地
细碎移动笔尖，沿睫毛根部
逐步描画，可以更顺手。

2. 描画下眼线时，用笔尖长点
状描画，不要涂满颜色，并且
只描画靠近眼尾1/3部分，可以
避免线条过于明显、生硬。

### ■ 常见问题3
## 涂抹眼影后，眼睑总显得有些
## 厚重，怎么办？

◎深浅同色系的叠加，在黑眼球上、下部位局部提亮，增加
通透感。

1. 选择同一色系的深浅色眼影，用眼影刷先在上眼睑涂抹深色眼
影，再在深色眼影的上方，重叠涂抹浅色眼影，这样可以混合出自
然的色调，使眼影色显得更加柔和。

2. 用指腹蘸取带有珠光感的白色或者米色眼影膏，大范围地涂抹在
上下眼睑的中央部分，即闭眼时黑眼球的正上方，营造出服帖水润
效果的同时提亮肌肤，增加通透感。

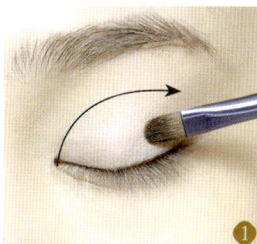

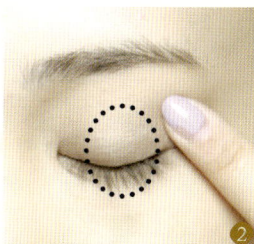

---

### ■ 常见问题2
## 涂眼影时，怎样能快速强调
## 出眼部的立体感？

◎使用同一色系的深、浅不
同的多色眼影，在不同位置
涂抹出渐变效果。

1. 先在整个上眼睑部位用亮色
眼影打底，提亮眼睑；双眼皮
部位窄幅涂抹深色眼影强调出
轮廓；眼睑中部用中间色进行
过渡。

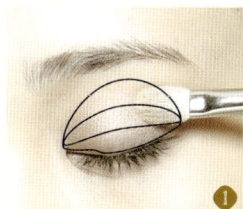

2. 眼角处用高光眼影局部提
亮；下眼睑靠近眼尾1/3部分窄
幅涂抹深色眼影，收紧眼部轮
廓。利用高光与阴影，简单营
造出立体轮廓。

### ■ 常见问题4
## 刷涂睫毛时，如何防止睫毛
## 梢的睫毛膏结块？

◎不同部位使用不同类型的睫毛膏来解决睫毛膏结团的问
题：浓密型睫毛膏涂在根部，纤长型睫毛膏涂在梢部。

1. 在睫毛根部使用浓密型的睫毛
膏，并用睫毛的刷头横向小幅度
移动，呈Z字形刷涂睫毛膏，使
根部显得更加浓密。

2. 在睫毛根部使用纤长型的睫毛
膏，并用睫毛膏的刷头垂直向上
刷涂睫毛梢部，使睫毛梢部纤长
而柔美。

基础造型之
**眼妆秘诀**
**18**

粉色呈现可爱表情
# 稚嫩的粉色眼妆
# 打造甜美的少女气质

含有珠光粒子的粉色系眼影适合打造甜美妆容，
但如果涂抹的面积过大或位置不当，就会造成肿眼泡的视觉效果，
用棕色眼影在轮廓处进行收敛，同时配合隐形眼线，有效避免膨胀感。

**■ 眼影的基本画法**
## 粉色与棕色分区域涂抹
## 打造出没有膨胀感的粉色眼妆

◎粉色眼影如果涂抹不当容易显得厚重，薄薄地涂抹珠光浅粉色，透出细微光泽，使眼妆更透澈。

◎粉红色作为主色调涂抹范围可以大一些，但为了避免显得眼皮浮肿，在眼线边缘用棕色、咖啡色、灰色等收敛色强调出紧致轮廓。

◎用偏冷色调的灰色打底，中和粉红色调，眼睛看起来就不会显肿了。

a.眼部遮瑕底霜。b.柔光四色眼影。c.粉棕色系四色眼影。d.高光眼影。e.圆头眼影刷。

**■ 基础技巧**

■粉色眼影涂抹不恰当，很容易造成眼部肿胀的视觉效果，所以在使用粉色眼影后，一定要用深色眼影沿眼睑边缘强调出眼部轮廓，上眼睑沿上睫毛根部涂抹，下眼睑涂抹靠近眼尾1/3的距离即可。

**白色提亮眼睑**

**打底**
整个上眼睑涂抹浅粉色眼影
**1.** 用眼部底霜修饰眼周黯沉，然后在整个上眼睑横向涂色眼影，提升后续眼影的显色度。

**提亮**
在眼球部位刷上粉色
**2.** 蘸取粉色眼影，横向涂抹在眼球凸起的部位。选取带有珠光色泽的粉色眼影，使眼妆更具亮泽感。

**棕色营造深邃感**

**小面积加入粉色**

**晕染**
在双眼皮处晕染深色
**3.** 用较小的眼影棒，在双眼皮处涂抹上棕色的眼影，这条深色眼影可以使眼部变得更加深邃。

**高光消除黯沉**

**高光**
打造明亮又自然的高光
**4.** 用小号粉刷蘸取白色高光粉在眼下三角区提亮，消除眼部黯沉，注意提亮的面积不要太大。

**搭配柔和的隐形眼线**

# 搭配使用黑色与棕色眼线笔 为眼妆收敛轮廓，避免膨胀感

◎粉色眼妆很容易从视觉上呈现肿眼泡的效果，勾勒深色眼线收敛轮廓，可以避免膨胀感。

◎黑色眼线笔描画隐形上眼线，棕色眼线笔描画1/3的下眼线，棕色没有黑色的突兀感，和粉色的柔美感较为协调，尤其适合描画下眼线，使整体眼妆色调更加柔和。

◎腮红与唇部建议使用与眼影色调一致或稍浅的粉色进行搭配，为面部营造出整体协调的红润感。

◎用粉刷以微笑时颧骨的鼓起处为中心扫出圆形腮红，将腮红充分晕染开，不要有明显的界限。

◎将粉色唇彩刷涂在上下唇，从两侧的嘴角处向中央刷涂，可以防止唇彩堆积在嘴角。

**棕色**
**描画自然下眼线**

**下眼线**

打造棕色的下眼线

**2.**用棕色眼线笔勾勒下眼线，从眼尾向眼角方向勾勒，眼尾处比眼角处要稍微粗一些，眼角一带而过即可。

**两段式**
**勾勒上眼线**

**上眼线**

细细勾勒黑色眼线

**1.**用深棕色眼线笔沿睫毛根部勾勒上眼线，先描画从中央到眼尾一段，再补齐从眼角到中央一段。

**加强**
**描画下眼线尾部**

**强调**

加强下眼尾1/3处的眼线

**3.**用棕色眼线笔重复描画下眼尾的1/3处的眼线，提升眼尾处的阴影效果。

Basic Brown

**基础技巧**

为了避免膨胀感，可在涂抹粉红色前运用灰色打底，边缘用棕色收敛，既不显得突兀，又强调出了轮廓。使用咖啡色、灰色等收敛色强调出眼部轮廓。用冷色调的灰色打底，可以中和粉红色调，眼睛不会显得肿胀。将从黑眼珠外侧向眼尾涂抹粉红色眼影，靠近眼尾处重叠涂抹浅棕色眼影收敛。

基础造型之
**眼妆秘诀**
**19**

深棕和嫩绿的组合
# 光泽嫩绿眼妆
## 衬托自然优雅的风格

易于与肌肤融合嫩绿色一样很适合彩色眼妆的初学者，
但要想让绿色眼妆看起来有品位，一定要与棕色系眼影搭配使用，
绿色作为装饰色，小面积使用即可，能让绿色的眼妆变得品质卓越。

**绿色作为装饰色**
## 深、浅棕色打造立体阴影
## 局部装点绿色，提升色彩的融合度

◎要使嫩绿色变得有成熟感并更易与肤色融合，必须先营造立体感，用深、浅棕色打底，打造自然阴影感。
◎绿色做为装饰色，有选择地在眼尾和眼角处小面积地进行涂抹，与浅棕色对比出光泽感，打造更加有品位的绿色眼妆。

**打底**
使用白色为眼影打底
**1.**用眼影刷蘸取浅米色眼影横扫在整个上眼睑处，提亮肤色并营造出高光效果。

**白色提亮打底**

**阴影**
营造出淡淡的阴影
**2.**用眼影刷蘸取米棕色的眼影轻轻刷涂在眼球处，为眼部营造自然的深邃感。

**浅棕打造阴影**

**深棕提升深邃感**

**晕染**
在双眼皮处晕染深色
**3.**用最小号的眼影刷蘸取深棕色眼影，在双眼皮的区域内打造阴影，狭长的阴影使双眸更有神。

a.透光美肌大地色四色眼影。b.珠光绿色系眼影盘。c.幻变四色眼影。d.大号貂毛眼影刷。e.小号眼影刷。

**基础技巧**

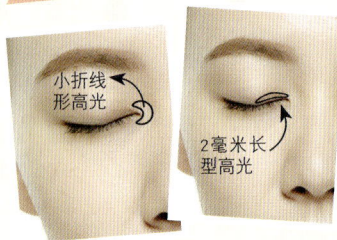

小折线形高光

2毫米长型高光

■小折线形高光起到聚拢光线、突显滋润效果，并没有太多扩大双眼的效果。
2毫米长型高光以眼角为起点，到黑眼球的前端边缘，沿眼线2毫米左右的宽度描画，提亮眼部。

**高光**
眼尾和眼头涂抹
绿色眼影
**4.**分别在眼角和眼尾的1/3处轻扫上绿色眼影，眼尾处从后向前刷，眼角处从前向后刷，使之与底色自然过渡。

**局部装点绿色**

■ 收敛眼部轮廓
# 棕色眼线膏与假睫毛的巧妙装点，营造眼部紧致轮廓

◎描画眼线时建议选择棕色的眼线，因为与黑色相比，棕色与绿色眼影在色彩上具有更好的融合度，可以将整体色彩营造得柔和自然。

◎膏状眼影的细腻质地更容易打造出略带晕染感的自然眼线，与棕色和绿色眼影的自然感更为贴切。

◎眼尾假睫毛的加入增加眼睛的长度，立刻提升眼部神采，为追求自然效果，不要过度卷翘眼尾睫毛。

◎用桃红色腮红从鼻翼两侧开始平行向脸颊两侧横扫，并轻轻横向扫过鼻梁，制造日晒的效果。

◎嘴唇用裸色的唇膏打底后，涂抹上透明的唇蜜营造光泽水润的效果。

**棕色**
**勾勒自然下眼线**

**下眼线**
强调下眼尾的眼线

2.用棕色眼线笔勾勒下眼线，从眼尾向眼角方向勾勒，然后再用黑色眼线膏重复描画下眼尾的1/3处的眼线。

2

**眼线液**
**勾勒清晰眼线**

**上眼线**
打造精致的眼线

1.用黑色眼线液沿上睫毛根部，勾勒出稍粗的眼线，眼尾处沿眼部轮廓自然拉长3毫米左右。描画不光滑的地方可以用尖头棉棒稍作修整。

1

**在眼尾**
**粘贴局部假睫毛**

**假睫毛**
用假睫毛装扮出明星风范

3.粘贴眼尾加强型假睫毛，注意不要将眼尾睫毛过度地向上夹翘，适度保持水平更具有明星气质。

3

EYELINER BRUSH · trinukey 06 M

ONLY YOU

■ 基础技巧

■ 眼角下方提亮适合于上眼睑浮肿、眼眉距离过近的脸部特征。如果这两种类型都想要很闪耀的华丽感妆容，最好把闪耀的精髓运用在眼角下方，不但能够掩饰缺点，还能收获极具华丽感的妆容。
眼角下方提亮不适合用于眼轮匝肌比较明显的脸部特征。若是眼轮匝肌过于发达，即使卧蚕眼形的话，高亮度的眼影色会让眼睛下方的明暗更加突出，反而造成浮肿的印象，最好还是不要尝试。

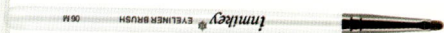

基础造型之

**眼妆秘诀**

**20**

追求极度纤细眼线

# 极细眼线与渐变眼影
## 塑造精致清新的双眸

摒弃过于明显生硬和紧紧包裹的粗眼线，
勾勒出眼部的轮廓，但却看不到明显的线条感，
与睫毛融为一体的极细眼线可以更加突显出眼部的精致与自然感。

■ 打造轻薄感的眼影
## 浅色提亮，深色制造阴影
## 修饰出带有光泽感的立体轮廓

◎为迎合极细的眼线的简约感，眼影的晕染也不可厚重，粉色和浅茶色眼影的搭配薄而不腻，在灯光的照射下具有很好的表现力。

◎下眼睑用浅色眼影或者高光眼影笔进行修饰，配合极细眼线，可以显得眼眸更加明亮、有神采。

a.茶色系四色珠光眼影。b.杏色/肉粉色双色眼影。c.持久眼影膏。d.眼影棒。

■ 基础技巧

■蘸取棕色眼影，从眼角开始沿睫毛边缘涂抹至眼尾，眼尾处着重涂抹。同样用棕色眼影，在眼尾外侧呈＜形涂抹，强化立体阴影，最好使用小号的眼影刷小面积的涂抹。

**杏色眼影打底**

### 打底
用杏色珠光眼影为上眼睑打底
**1.**用手指蘸取珠光感的杏色眼影膏，涂抹在整个上眼睑处，膏状质地与皮肤贴合度较高。

**1**

**2**

### 上眼睑
在上眼睑涂抹粉色系眼影
**2.**用眼影刷蘸取粉色系眼影，横向刷涂在整个上眼睑处，可来回刷涂几次，着色更均匀。

**棕色收敛轮廓**

**大面积晕染粉色**

### 双眼皮
茶色系强调双眼皮部位
**3.**用眼影棒蘸取茶色眼影，涂抹在上眼睑双眼皮部位，提升自然渐变效果。

**3**

### 下眼睑
下眼睑使用浅色眼影
**4.**下眼睑处使用白色或杏色的珠光眼影，沿睫毛根部细细地涂抹，眼尾处加入少量棕色眼影。

**浅色提亮下眼睑**

**4**

**■ 描画极细眼线**

# 在睫毛根部和黏膜边缘
# 勾勒线条，打造隐形感极细眼线

◎要打造极细眼线，首先要弄清楚眼线加入的部位，应沿着睫毛根部的间隙描画线条，如果沿着睫毛根部的上缘描画，往往会描画出具有分离感或者过粗的眼线。

◎用指腹按压着轻轻拉起眼皮，可以使睫毛根部充分暴露出来，便于填补睫毛根部的间隙。

**填补**
**睫毛根部的间隙**

**上眼线**

从内向外描画上眼线并强调眼尾

1．用棕色眼线笔从眼角沿睫毛根部向眼尾描画，左右小幅度移动笔尖，眼角部位线条要细。重复描画眼尾处的眼线，可向外侧延长3毫米。

◎用大号粉刷蘸取蜜桃色的腮红，从鼻翼到面颊呈圆形涂抹，营造出可爱的苹果肌。

◎用唇刷蘸取粉橘色唇膏沿唇部轮廓涂抹在整个唇部，从嘴角向内涂抹，避免唇膏堆积在嘴角。

**描画**
**1/3长度的下眼线**

**下眼线**

眼线笔与眼影勾勒自然下眼线

2．用眼线笔描画下眼线，沿下睫毛填补睫毛间隙。从眼尾开向眼角方向描画1/3的长度即可。之后用眼影棒前端蘸取棕色眼影，沿描画的下眼线重叠涂抹，使下眼线更加自然的同时，衬托出明亮的眼神。

**局部内眼线**
**强调眼部轮廓**

**内眼线**

勾勒局部内眼线

3．用深棕色眼线液从黑眼球中央开始向眼尾，在眼线笔画好的线条上，沿睫毛内侧黏膜处重叠描画内眼线，尽量描细一些，自然强调出清晰轮廓。

**基础技巧**

1．轻轻拉起上眼睑，用与眼线色彩相近的深色眼影，涂抹在上眼线的外侧，营造自然的过渡感。

2．在描画上眼线时，选择正确的姿势可以事半功倍，用手指轻轻按压在上眼睑上方，轻轻拉起上眼睑，眼睛向下方看，更加便于描画上眼线。

基础造型之
**眼妆秘诀**
**21**

毫不浓烈的深色眼影
# 柔和烟熏眼妆
## 演绎**深邃妩媚**的**轻熟感**

只有浓重黑色调的烟熏眼妆并不适合在白天打造，
用金色与巧克力色系替代传统黑色，降低烟熏妆色调的浓烈度，
并用眼线晕染法补充出深邃感，使得烟熏妆变得柔和而有亲和力。

■ 降低色调的烟熏妆
## 金色、粉色与巧克力色眼影的
## 搭配使用，晕染出柔和的烟熏感

◎金色与巧克力色的搭配在任何时候都不会出错，选择带有珠光光泽的眼影，会使这两种颜色打造的烟熏妆充满了通透和轻薄质感。

◎粉色眼影的加入调和了金色的妩媚和巧克力色的沉稳，作为绝佳的中间色使眼妆呈现出柔和的层次感。

**加入金色眼影**

### 亮色打底
在上、下眼睑涂抹眼影
**1.** 用眼影刷蘸取金色眼影粉，轻轻刷涂在整个上眼睑部位。

将金色眼影在眼尾C区上轻轻带过，突出高光质感，增加了眼妆的温暖感觉。

**米色作为中间色**

### 米色过渡
米色闪粉覆盖双眼皮部位
**2.** 用小号眼影刷在双眼皮部位晕染上带有珠光粒子的米色眼影，使眼妆呈现出自然的过渡感。

**深色提升深邃感**

### 深色晕染
深巧克力色营造纵深感
**3.** 用深巧克力色眼影涂抹在双眼皮范围内，接近睫毛根部的地方颜色要略微加强。下眼睑同样用深巧克力色沿着睫毛根部刷涂出细细的线条。

a. 金色珠光眼影。b. 棕色系珠光眼影。c. 珠光大地色系三色眼影盘。d. 大号貂毛眼影刷。

■ 基础技巧

**1.** 用小号眼影刷蘸取金色系液体眼影，涂抹在上眼睑处与下眼睑处，使眼部更有层次感和光泽度。下眼睑按从眼角至眼尾的顺序窄幅涂抹。

**2.** 以下眼睑为重点添加粉色，将粉色眼影刷涂在下眼睑部位，顺序是从下眼角刷涂到眼尾，制造柔和感。

## 眼线的搭配

# 描画较粗的眼线并稍作晕染，与眼影自然融合，形成烟熏效果

◎打造粗眼线，不能一笔将线条描粗，而是要先画出基础眼线，然后再沿线条的上缘再描画一层线条，逐渐加粗眼线。

◎用棉棒沿画好的粗沿线上缘轻轻进行擦拭，打造出晕染感，与上眼睑的深色眼影自然衔接。

◎下眼睑也要描画出眼线，要想获得更加明显的烟熏感，可以用尖头棉棒将下眼线稍作晕染。

◎用粉色腮红从颧骨的最高处斜向上轻扫，再沿颧骨外缘轮廓斜向下轻扫，制造出自然红晕。

◎先将遮瑕膏轻薄地拍在唇部，遮盖住原本的唇色，然后用裸色的唇彩涂抹唇部，最后涂抹水润唇蜜营造出立体感。

**内眼线 加粗线条感**

**内眼线**
描画出自然的内眼线

2. 用手指轻轻拉起上眼睑，用黑色眼线笔沿上眼睑内侧的黏膜处轻轻描画出一条内沿线，增加眼眸的深邃感。

**描画 微上扬的眼线**

**上眼线**
眼线画到眼尾时稍稍延长

1. 用棕色眼线笔沿上眼睑的睫毛根部描画眼线，眼尾处微微上扬并延伸出3毫米。

**描画眼尾 稍粗的下眼线**

**下眼线**
眼尾下方眼线选择黑色

3. 用棕色眼线笔描画下眼线，从眼尾处向眼角方向描画距离眼尾1/3的部位即可。

**基础技巧**

1. 用棉签将描画好的眼线轻轻晕染开来，使之与眼影自然融合，营造出烟熏效果。

2. 将睫毛膏刷头紧贴上睫毛根部向上刷涂，巩固卷翘效果，不要呈Z字形刷涂，以免睫毛粘连纠结。然后以轻轻梳理的方式在下睫毛上刷涂上睫毛膏，刷涂时注意轻压下睫毛，以塑造向下翻卷的效果。

## 自然的上扬眼尾
# 上扬眼线眼妆
# 彰显东方感柔美双眸

上扬眼线就是眼尾呈现出柔和上扬弧度的眼线，
适合打造充满魅惑感的双眸，延伸女性柔美与性感的气质，
上扬的弧度要根据自身眼形确定，本身眼尾就上扬的女性不适合描画。

### ■ 打底眼线的画法
## 用铅笔式眼线笔打底
## 描画出眼线的基本轮廓及内眼线

◎用眼线液描画眼线，出现问题不好修改，先用铅笔式眼线笔打底，只需再重叠描画中部至眼尾部分，可以避免描错，还能防止脱妆。

◎眼尾的弧度是描画上扬眼线的关键所在，眼尾不要顺眼形下拉，而是向上、下眼睑延长线的交叉点稍微拉长描画。

◎配合棉棒调整线条柔和度，擦拭高低不平的地方，使线条呈现流畅感。

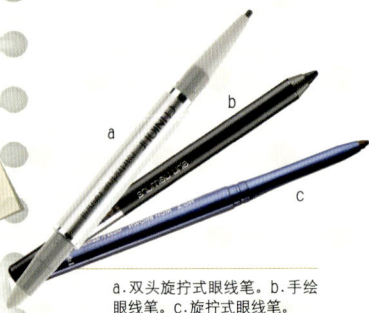

a.双头旋拧式眼线笔。b.手绘眼线笔。c.旋拧式眼线笔。

**反复描画眼尾**

1

**上眼线**
从瞳孔上方向眼尾描画
1.沿着睫毛根部向眼尾描画眼线，再从眼尾描画回来，笔触要轻，可以来回多描画几次。

**眼角描画极细眼线**

**眼角**
描画眼角的线条
2.沿睫毛根部从瞳孔正上方开始，向眼角描画眼线，眼角的眼线线条要尽量纤细，以免看起来不自然。

2

**用棉棒擦拭修整**

**修整**
检查眼线并用棉棒修整
3.用化妆棉棒从眼角至眼尾，轻轻擦拭掉眼线高出的部位，使线条看起来更加平滑顺直。

3

### 基础技巧

1.视线向下呈45度俯视镜子，用左手手指轻轻按压在眼睛上方，提起上眼睑，以便描画眼线，初学者可将右手手肘支在桌面上，以增强手部的稳定性。

2.用眼线笔沿上眼睑的结膜边缘，轻轻描画内眼线，这样可以使眼睛更有神。

1

2

■ 眼线液增加精致感
# 用**眼线液**重叠描画**眼尾**部分
# 塑造**角度适中**且柔和的**上扬眼线**

◎眼尾部位容易花妆，用速干型眼线液可以有效避免脱妆。
◎眼尾一般可以拉长3～5毫米，并逐渐收力使眼线自然收细，呈现眼部魅力。
◎可以先在确定的眼尾部位描画一小段眼线，再沿睫毛根部从眼角向眼尾描画线条并进行衔接。

**重叠描画增加眼尾精致感**

## 重复
眼线液重复描画眼尾

1.用液体眼线笔沿着睫毛根部，从瞳孔正上方的眼睑处向眼尾重复描画眼线，不用来回描画，要一笔带过。

◎桃红色腮红有很好的减龄效果，从鼻翼两侧开始沿着苹果肌，横向地轻扫在脸颊上，制造可爱表情。

◎将桃红色唇彩涂抹在双唇上，为提升唇部的立体效果，唇峰处和下唇的中央部位应重复涂抹。

**适当延长并上扬眼尾线条**

## 眼尾
眼尾处描画上扬的线条

2.在眼尾部分，从上、下眼睑会合处开始，缓缓向上约20度描画上扬眼线，线条向外延长3毫米左右。

**描画三角框加粗眼尾线条**

## 外眼角
线条回转在外眼角形成小框

3.将眼尾线条向回勾画，画至眼尾上下眼睑会合处，使两线条形成一个三角形的小框。并用液体眼线笔将小框填充上颜色，选用速干型的眼线液会更加方便。

**基础技巧**

1.闭上眼睛，用尖头的化妆棉棒将线条高低不平的地方进行修整，使线条更顺直。

2.闭上眼睛，检查眼线，线条平滑顺直，无高低不平，眼尾处线条应向外延长并微微上扬。

基础造型之
**眼妆秘诀**
**23**

用自身睫毛打造
# 生动翘睫眼妆
# 展现**自然知性魅力**

如果觉得粘贴假睫毛效果不够自然，
用自身的睫毛也能打造出浓密、纤长、卷翘的完美效果，
睫毛根部粗壮，睫毛前端纤长，呈扇形散开的睫毛才呵护淡雅眼妆的要求。

## 打造全方位的卷翘
## 用**睫毛夹**以"三段式"的手法
## 夹卷睫毛，打造呈扇形散开的幅度

◎不上翘的睫毛看上去没有精神，因此一定要用睫毛夹细致地卷曲睫毛10～20次，使其卷曲的质感和散开的幅度都完美。

◎用"三段式"的手法夹卷睫毛，即由内向外小幅度地移动夹睫，分别从睫毛的根部、中部和梢部进行夹卷，这样可以使卷翘的弧度更加自然。

◎夹下睫毛时如果觉得用睫毛夹不顺手，可以试试电烫睫毛器。

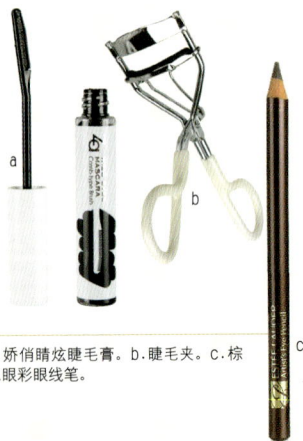

a.娇俏睛炫睫毛膏。b.睫毛夹。c.棕色眼彩眼线笔。

**夹卷睫毛根部**

### 根部
用睫毛夹夹住睫毛根部
**1.**将睫毛夹紧贴上眼睑放在睫毛根部，以睫毛夹的弧度和宽度符合自己眼睛的弧度和宽度为最佳。

**1**

### 根部
略抬手腕夹卷睫毛根部
**2.**在睫毛根部夹紧睫毛夹，不要过于用力，利用睫毛夹垫片自身的弹力令睫毛卷曲。

**夹卷睫毛梢部**

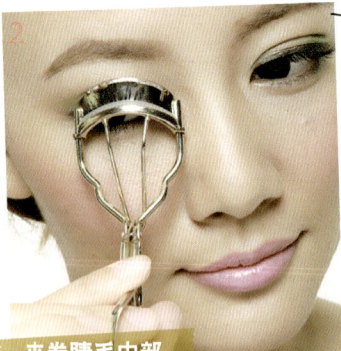

**夹卷睫毛中部**

### 中部
移动睫毛夹夹卷睫毛中部
**3.**略微抬起手腕，向外移动睫毛夹1～2毫米，移至睫毛中部，再夹，这样卷翘效果更加自然。

**3**

## 基础技巧

以眼尾的睫毛为中心，从根部到梢部小幅度移动睫毛夹，夹卷眼尾睫毛。同眼尾相同，以眼角睫毛为中心，从根部向稍部小幅度移动睫毛夹，将睫毛夹至卷翘。

### 梢部
夹卷到睫毛前端
**4.**再次抬起手腕，小幅度移动睫毛夹至睫毛的末梢部位，仔细将睫毛稍的部分夹至卷曲。

**4**　**反向使用夹头**

**■ 灵活使用睫毛膏**

# 横、纵变换方向使用刷头
# 打造根部浓密、稍部纤长的卷翘睫毛

◎要想睫毛呈现出既浓密又纤长的效果，要在睫毛根部和稍部使用不同的刷涂方法。

◎横向使用刷头，以左右小幅度移动的方式打造出根部的浓密效果；然后再纵向使用刷头，以垂直拉长的方式涂抹稍部，打造纤长效果。

**横向**
**刷涂睫毛根部**

## 眼线
在睫毛边缘勾勒眼线

**1.** 用棕色眼线笔从眼角向眼尾方向，沿上眼睑的睫毛根部左右小幅度地细碎移动，勾勒出自然的内眼线。

◎用眼影棒蘸取深茶色色眼影，涂抹在上眼睑双眼皮的部位，眼睫毛根部的边缘宽一些涂开。

◎用大号粉刷蘸取桃红色的腮红，先以画圆的方式刷涂苹果肌的中心位置，然后再斜向上轻扫，自然扩大红晕的面积。

**纵向**
**拉长睫毛稍部**

## 纵向
用睫毛膏刷头涂抹睫毛根部与眼角

**2.** 纵向使用睫毛膏的刷头，沿着睫毛根部的间隙进行涂抹，制造出自然浓密感。眼角部位的睫毛通常较为短小稀疏，同样纵向使用刷头轻轻刷涂眼角部位的睫毛，增加纤长感。

**下睫毛**
**打理翻卷**

## 下睫毛
涂抹下睫毛

**3.** 将刷头横向从下睫毛的根部向睫毛稍刷开，让下睫毛的根部也涂上浓密的睫毛膏。然后再纵向使用睫毛膏刷头，一根一根刷涂睫毛，可突出下睫毛的纤长感。

**基础技巧**

MAXI VOLUME

**1.** 用睫毛梳梳理睫毛，去除睫毛稍的结块，睫毛根部不必梳理，保持其浓密度。

**2.** 蘸取睫毛膏后，可以将刷头在睫毛膏的瓶口处轻轻刮几下，去掉多余的睫毛膏，避免用量过多而造成睫毛结块现象。

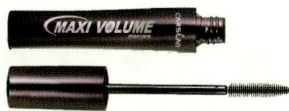

基础造型之
**眼妆秘诀**
**24**

温婉柔和气质
## 和谐感双色眼影
## 打造渐变的立体裸色眼妆

裸色因为其与肤色融合度较高的色彩而备受女性的追捧，因此，创造与眼睑肤色自然过渡的眼影就是打造裸眼妆的基本点，选择色调柔和的眼影，控制边缘的色彩，即可轻松制造出渐变效果。

■ 用眼影突出眼部轮廓
## 双色眼影的三层平涂法
## 控制边缘色彩，自然晕染出渐变效果

◎想要打造出自然的渐变效果，让眼影与睫毛根部自然衔接很重要。
◎摒弃原来的将眼睑纵向分成三部分涂抹眼影的旧习惯，改为将眼睑横向分为三部分来打造色彩的渐变效果。
◎涂抹眼影的重点是，深色眼影一定要涂抹在睫毛的根部，在双眼皮的部位打造渐变效果。

a.丝柔润泽散粉。b.四色眼影。c.珠光四色眼影。d.平头眼影刷。

**打底**
涂抹闪亮散粉与黄色系眼影
**1.** 用粉扑蘸取珠光散粉，在上、下眼睑边缘仔细涂抹，这样有利于提高后续眼影的显色度。

**珠光散粉提亮眼睑**

在整个上眼睑涂抹黄色系眼影，增加明亮度，黑眼圈部位用白色眼影提亮。

**涂抹**
从眼角到眼尾涂抹淡粉色
**2.** 蘸取淡粉色眼影从眼角向眼尾涂抹，眼尾处重复涂抹以强调出颜色，塑造出渐变感。

2

**大面积涂淡粉色**

**睫毛根部**
紧贴睫毛根部涂抹深色眼影
**3.** 用眼影棒蘸取深棕色眼影，沿睫毛边缘，从眼角向眼尾涂抹在上眼睑双眼皮的范围内。

**窄幅涂抹深色**

3

**基础技巧**

■ 用眼影棒以Z字形的方式将距离眼尾的1/2处睫毛边缘的深棕色眼影与从睫毛边缘开始到双眼皮的褶皱处眼角的眼影晕开。

**纵向制造渐变感**

**睫毛间隙**
将深色眼影涂抹在睫毛间隙
**4.** 用手将上眼睑轻轻拉起，用眼影棒将深棕色眼影纵向涂抹在睫毛间隙中，使眼影颜色更加均匀。

**■ 细节处补充光影**

# 下眼睑与眼窝处的光影
# 协调搭配，打造出上下平衡感眼妆

◎同色系深浅色打造下眼睑，以最自然的效果纵向扩大眼部轮廓。

◎下眼睑处的眼影向下垂直晕染是关键，这样才能打造出根部深、外缘浅的自然渐变效果。

◎在上、下眼睑处都用亮色进行晕染，提亮眼周的同时进一步创造出柔和的渐变光泽。

**提亮
下眼睑三角区**

**眼下**

下眼睑使用明亮色眼影

**1.** 蘸取带有珠光粒子的浅色眼影，刷涂在眼下三角区，让眼部肌肤变得明亮有光泽。

◎用粉刷蘸取米色腮红，从颧骨下方开始，分别向太阳穴、耳根处轻刷均匀。

◎用腮红刷在脸颊最高处加入粉色腮红，与涂抹过的米色腮红自然融合，并用余粉轻扫下颌处。

**深色眼影
填补下眼睑**

**下眼睑**

用茶色收敛下眼睑

**2.** 沿下睫毛的边缘从眼尾向眼角方向涂抹上茶色眼影，距离眼尾1/3的一段要重点涂抹。然后纵向使用眼影棒，将睫毛之间的间隙补涂上眼影。

**杏色眼影
打造柔和眼窝**

**按压**

余粉按压眼睑

**3.** 用眼影棒从眼角开始直至眼窝晕染上带有珠光粒子的杏色眼影，营造出色泽柔和的眼窝。在眼角的下方也涂抹杏色眼影，可以使眼角变得明亮，显得眼睛大。

**基础技巧**

**1.** 用眼影棒蘸取亮色眼影，以＜形涂抹在眼尾外侧，使眼睛轮廓更加分明。

**2.** 从眼角处开始，将在眼睑涂抹的杏色眼影向眼尾自然晕开，营造出渐变效果。

① ②

## 眼部边缘处的强调

# 极细眼线与浓密睫毛的完美搭配，强调精致的眼部轮廓

◎因为在睫毛根部的间隙内涂抹了深棕色的眼影，所以再描画黑色眼线可以很容易地与眼影取得融合的效果。

◎眼线不必描画得过粗，线条顺畅即可。同时沿结膜的边缘勾勒出内眼线，让双眼显得更有神。

◎搭配眼影的婉约感，睫毛的刷涂侧重打造根根分明和纤长感，凸显整体的清秀气息。

◎用修容腮红从颧骨轮廓处横幅向外略延伸，并向下颌晕开，逐渐收细线条，使颜色自然淡开。

◎从唇部中央开始向嘴角涂抹珠光红色唇彩，边缘要涂抹得薄一些，避免脱妆。

### 内眼线收敛轮廓

**内眼线**

在睫毛内侧勾勒出内眼线

2.用手指将上眼睑轻轻拉起，用黑色眼线笔沿上眼睑内黏膜仔细勾勒出内眼线。

### 黑色眼线强化渐变感

**上眼线**

黑色眼线笔勾勒眼部轮廓

1.沿上睫毛的根部描画出清晰眼线，先描画眼睑中央至眼尾的一段，再补齐眼角至眼睑中央一段。

### 打造根根分明的扇形睫毛

**睫毛**

用睫毛膏刷涂出扇形的睫毛

3.用黑色纤长睫毛膏从睫毛根部开始，向上刷涂出呈扇形散开的睫毛，眼角和眼尾的睫毛也不要遗漏。

### 基础技巧

1.眼尾三角区加入眼影时，可以将淡黄色和浅咖啡色混合在一起，不要直接刷涂，需要先在手背上确认一下混合后的颜色。然后将眼影涂抹在距离眼尾1/3的一段距离，宽度与刷子一样即可。只需添加一些颜色和深度后，就能让眼部凸显华美感。

2.在眼尾侧面的小三角形区域内加入眼影，用眼影刷与眼角呈水平方向拉伸，将颜色直向延展，可以让目光更加深邃。

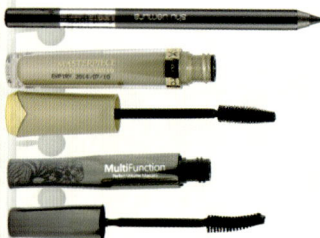

MultiFunction

## 获得生动的表现力

# 塑造平衡而精致的
# 基础眉唇妆

◎眉部与唇部的廓形与色调对整体妆容的气质有着微妙的影响，是妆容不可忽视的重要组成部分。

◎根据面部骨骼特点以及自身眉唇的形状，结合想要表现的妆容风格，确定出适合的眉型与唇型。

◎眉妆与唇妆的颜色要与发色以及眼妆的色调形成和谐的搭配，细节色彩的晕染可以提升局部的立体感。

## 基础造型之
## 眉妆秘诀
# 01

### 比例适中的双眉
# 确定眉形与眉色
# 打造自然协调的眉妆

眉毛是决定整体妆容印象的关键部位，
根据眼部、鼻部及嘴部的平衡，确定出眉头、眉峰，
与眉梢的位置与轮廓线，打造出符合自身脸型与气质的自然双眉。

**■ 确定双眉位置**
## 确定眉头、眉峰、眉尾的位置
## 塑造符合脸型的平衡双眉

◎眉形要基本符合脸部骨骼结构，根据眼角与嘴角的位置及骨骼凹凸状况来确定。
◎确认眉峰时，抬起眉，最挑高的部位就是原本的眉峰。眉尾的位置应在鼻翼与眼尾的延长线上。

**1.眉头：**位于眼角与鼻梁内侧中间的垂直延长线上，描画时从眉毛生长的位置开始，向后约3毫米的部位开始描画，用眉梳打理顺畅。

**2.平衡线：**眉头至眉尾的整个眉形，要保持平衡感，并逐渐自然收细，眉尾部位不要过细，使双眉保持一定的粗度。

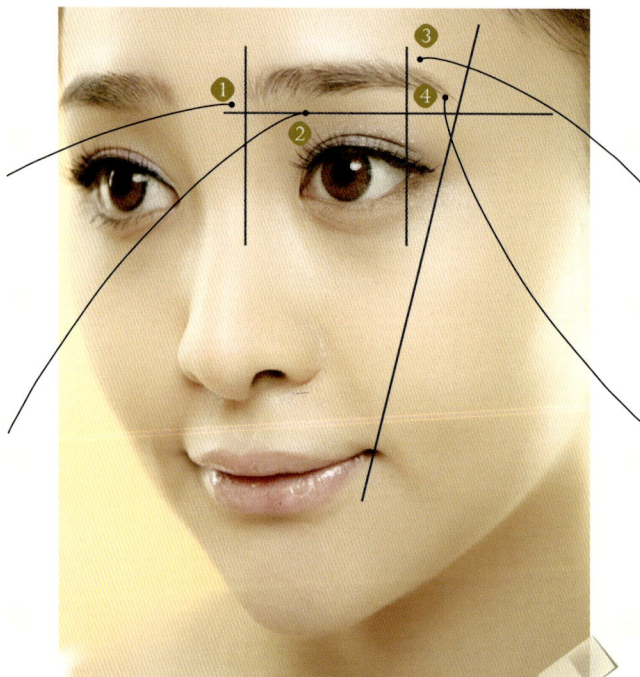

**3.眉峰：**位于黑眼球外侧与靠近眼梢之间的部位，最高点大致位于眼尾的垂直延长线上，这个部位是圆滑还是弯曲，决定了眉毛的形状，描画时眼梢上方要自然过渡，过高挑会显得表情生硬。

**4.眉尾：**位于嘴角与眼尾的延长线上，这是基本长度，长度超过延长线显得成熟，比延长线短显得可爱。

**■ 基础技巧**

**1.**眉头位于眼角与鼻骨的延长线上；眉峰位于白眼球外缘延长线上。而眉尾位于嘴角与眼尾连线的延长线上，用长眉笔可以简单测出。

**2.**眉毛作为脸部颜色较浓的一部分较突出，常用的眉色有黑色、深棕色、咖啡色和灰色等，一般眉色要比发色浅，可以取发色和瞳孔颜色的中间色。如果发色、瞳孔都偏黑，眉色可以选黑色或深灰色。如果发色浅，但瞳孔颜色偏深，适合选棕色、咖啡色。眉色的选择还要与眼线、眼影和整体妆容相协调，如果使用眼线液的话，眉毛的浓度最好不超过眼线的浓度。

棕色系　　　　　　　　　　　　　　　黑灰色系

■ 常用的眉妆工具

# 选择修眉、描眉、染眉的眉妆工具
# 塑造与妆容协调的双眉

◎打造完美眉妆需要从眉形和眉色两方面进行修饰，专业的眉妆工具可以帮助你轻松塑造出理想的妆效。

◎了解常用眉妆用具的优缺点及其使用技巧，选择适合自己需要的工具。

---

■ 描画毛发般细线

## 眉笔
### 描画自然眉形

◎用于填补稀疏眉毛并修饰出自然轮廓与眉色。

**优点：**
易上手，好控制，一只眉笔可以使用很长时间，效果非常自然。选择另一端附有特制刷头的眉笔，方便涂抹和修饰。

**缺点：**
眉笔画出的线条可能会有些刻板。可以用棉签蘸取卸妆液来擦掉那些死板夸张的线条。

**使用：**
眉笔的颜色应比发色略浅一些，描眉时顺着眉毛生长方向小幅度稀碎地移动笔尖一根根描画细细的线条。

---

■ 营造自然的眉色

## 眉粉
### 晕染自然眉色

◎塑造有一定粗度、颜色过渡自然的眉色。

**优点：**
有非常自然的效果，上色持久且用途多样，可用在眉笔后用来固定妆容，也能用在染眉膏之前。

**缺点：**
使用不当可能会使眉色过于浓重。刻意用超细致斜角眉刷蘸取眉粉来描画，或者在眉毛上用一些散粉来遮盖。

**使用：**
涂抹时用眉刷直接蘸取来晕染眉色，利用深浅色调搭配营造出自然立体双眉。

---

■ 定型与提亮眉色

## 染眉膏
### 塑造明亮眉色

◎打造柔软的绒毛质感与柔和眉色，用于定型、固色。

**优点：**
覆盖范围大，适合眉毛较少的人，可以很好地遮盖眉毛原本的颜色，显色度极佳。

**缺点：**
不是很好控制，如果使用不当看起来会不太自然，而且很容易花妆，可以用眉粉定妆来避免这个问题。

**使用：**
先用眉笔填补毛发稀疏的部位，然后用染眉膏逆眉毛生长方向从根部刷充分，赋予眉毛光泽度的同时进行定型。

---

■ 基础技巧

▌修整眉形、描画眉色，选择便于操作的眉妆工具，可以使造型与晕染都得心应手，刷头的设计要精巧、刷毛要软硬适中，刷柄的长度与粗细也是影响难易度的重点，修眉工具也是必备用品，画眉前修整出清晰自然的轮廓，才能使眉妆更整洁。

**1.眉刷：**
不要用刷头太粗或面积过大的眉刷，应选择精巧的斜形刷头设计、软硬适中的柔软刷毛，且毛尖聚集在一起，蘸取眉粉后轻扫在眉部，可以轻松晕染出自然而精致的眉部轮廓，另外，刷柄长一些的刷子，更容易掌握平衡感，其中螺旋型眉刷可以刷掉多余的眉粉。

**2.眉镊、眉剪、眉刀：**
修眉时，一些基本的工具不可缺少：眉剪配合齿梳使用，可以修剪长出眉部轮廓外的长毛，稍翘的眉刀能安全、细致地刮去眉毛周围多余的杂毛；眉镊用于拔除轮廓外的细小杂毛；眉刀要选择设计轻巧，易掌控，便于刮除多余杂毛，使眉部轮廓更加清爽。

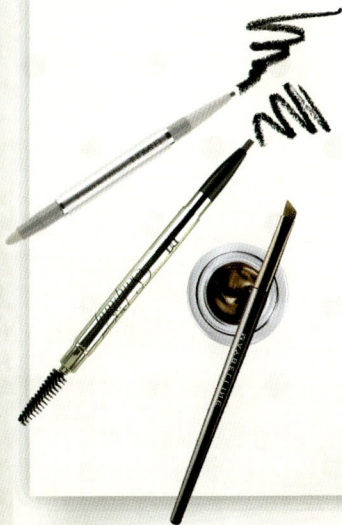

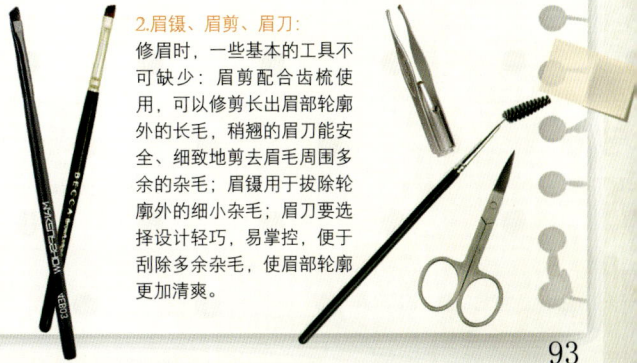

基础造型之
**眉妆秘诀**
## 02

适合脸型的眉形
# 根据脸型轮廓特点
# 确定比例平衡的双眉

眉形的确定要以自身的脸型为基本依据，
通过调整眉峰的弯曲度、内外位置，以及眉尾的长度，
可以平衡掉脸型的不完美之处，并打造出具有独特美感的眉型。

---

**常见脸型1**
## 缺少线条感的圆形脸
### ——适合眉峰外移的眉形

◎圆形脸显得可爱，但上下侧的脸部轮廓线过圆，使人看去来显胖。通过眉峰外移的拱形眉可以收敛下半边脸，起到平衡效果。

→ **适合的眉形：**
眉峰弧度略向外移的拱形眉，可将上半边脸向外延伸，收敛下半边脸。适度描画一定角度，表现力度和骨感，减弱圆润、平板感。

→ **不适合的眉形：**
避免平直的短粗眉形与过于弯挑的细眉。

**常见脸型3**
## 容易显成熟的长形脸
### ——适合柔和的自然眉形

◎长方形脸横向距离小，需要给轮廓增加一些宽感，且面部缺少圆润感。弧度自然的柔和眉适当拉宽脸型，缩短脸部长度。

→ **适合的眉形：**
柔的和眉形更能横向拉长脸型，从视觉上缩短脸部长度，适合平直略带弧度的眉形，也可画短粗一些。

→ **不适合的眉形：**
避免弧度弯，高挑、纤细的眉形。

---

**常见脸型2**
## 轮廓生硬的菱形脸
### ——适合圆润一些的眉形

◎颧骨处较宽，额头与下巴过窄的脸型，容易给人有些刻板的印象，柔和的眉形可以增添亲和力，并根据脸型上、下的宽窄度，确定眉峰的位置。

→ **适合的眉形：**
上宽下窄的话，眉峰的弧度略向内移，拉长眉尾，修饰颧骨的宽度，平直略长；上窄下宽的话，眉峰的弧度略向外移，缩短眉尾。

→ **不适合的眉形：**
避免弧度大的眉形，眉峰的弧度要柔和。

**常见脸型4**
## 印象有些呆板的方形脸
### ——适合眉峰外移的自然弯眉

◎额头、下巴较宽的方形脸，要用弧度自然的弯眉平衡脸部明显的棱角，使表情显得柔和。

→ **适合的眉形：**
弧度自然的拱形眉可以弱化棱角感，使表情显得更加柔和。为了与方下颌呼应，眉峰应在眉毛的3/4处。

→ **不适合的眉形：**
避免平直而且细短的眉形，略带弯度的眉形更显柔和。

基础造型之
**眉妆秘诀**
**03**

符合气质的眉型
# 常见眉型特点分析
## 选择符合气质的眉型

眉峰的曲度和位置等微小变化，都会影响眉毛所反映的气质，任何眉型都没有完美与否的统一标准，只有同自身气质相协调，才会给人以舒适而不突兀的感觉，也会将表情衬托得更加生动自然。

### 常见眉形1
## 自然眉
## 适合任何脸型

◎保持眉毛本身的随意感，自然而清爽。

→ 眉型特点：自然弯曲的眉形，带有一点眉峰，眉峰的高度与眉头接近，眉峰至眉尾的弧度自然，比平直眉略有一点弯度。

→ 气质印象：保持眉毛本身的随意感，自然而清爽，给人稳重知性的感觉，是一种较为普遍的眉型。

### 常见眉形2
## 拱形眉
## 适合方形脸型

◎富有女性的魅力，可以弥补有棱角的脸型。

→ 眉型特点：眉峰内移，位于靠近正中央的位置，眉头和眉尾基本在同一水平位置上，眉峰高于眉头，整个眉形弧度较大。

→ 气质印象：给人比较温柔大方的感觉，因此可以平衡方形脸的阳刚之感，增添女人味。

### 常见眉形3
## 柳叶形眉
## 适合圆形脸型

◎具有古典的韵味，富有女性独特气质。

→ 眉型特点：眉部整体长度较短，眉峰的弧度基本位于眼珠的中央，且呈现出变形的半圆弧形，眉部整体宽度显细窄，眉尾自然收细。

→ 气质印象：具有古典韵味，突显出女性特有的温柔和婉约的气质。

### 常见眉形4
## 上扬眉
## 适合方形脸型

◎精神又富有朝气，给人个性鲜明的印象。

→ 眉型特点：眉头比眉尾较低，眉峰至眉尾有一定的角度，眉峰的角度应该柔和一些，眉峰起始位置大约位于眼珠外侧向上的延长线上。

→ 气质印象：眉形利落干练，眉色不适合过浅或过于明亮，给人精神、有朝气、个性鲜明的印象。

### 常见眉形5
## 一字形眉
## 适合长形脸型

◎能够呈现出纯朴、自然的年轻印象。

→ 眉型特点：形状平坦，眉头与眉峰基本在一条水平线上，眉峰弧度较小，眉尾较短。一般具有一定的粗度，且呈现出自然的绒毛感。

→ 气质印象：眉形利落且柔和，呈现出纯朴、自然的年轻印象，具有减龄效果。

**基础技巧**

1 用眉刀仔细修除眉头至眉峰上方约1厘米范围内的杂眉。在眉尾外侧约1厘米处的杂眉也要用眉刀仔细进行刮除，从发际线向下，慢慢将细眉清除干净。

2.紧邻轮廓线部位的杂毛如果不易刮除，可以选择用眉钳拔除，拔除时用眉钳夹紧眉毛根部，顺着眉毛生长方向一根根拔，这样才不会过度拉扯肌肤。

基础造型之
眉妆秘诀
04

修整出自然眉形
## 利用**工具**修整眉毛
## 提升**眉妆**的整洁印象

在化眉妆前，要对眉毛进行适当的整理，清除杂毛，
区分"剪"与"剃"的位置，用修眉剪与眉刀清除轮廓外的毛发，
无论何种方法，都要防止过度修剪，适当保留细小毛发，避免眉形生硬。

### ■ 基本修眉方法

## 运用"剪"和"剃"的手法
## 清除轮廓外毛发，提升清爽感

◎修剪前先梳理整洁，确认轮廓内外的毛发，避免修剪掉轮廓内的必要部分。
◎靠近尾部的眉毛不要拔得过多，应保留眉周的细小毛发，眉尾不要修饰过尖，适当保留一些随意感。

---

**画点法
确认整体轮廓**

**标示**
在关键部位标记号点
1.用浅色眉笔在确定的眉头、眉峰、眉尾的关键部位描点进行标示，关键部位之间也要标记号点，双眉要对称描点。

**连接标记
确认基本轮廓**

**标示**
用眉笔连接记号点
2.用眉笔将刚刚标好的记号点连接起来，线条要顺滑，描出的轮廓要比原本的眉形略粗一些。

**用眉剪
修整长毛、杂毛**

1

2

3

**修剪**
用眉剪仔细修剪眉毛及外缘
3.修剪眉头时，用眉剪沿眉刷上侧修剪；修剪眉毛下方时，眉剪要与下方轮廓保持平行；而修剪眉尾时，用眉剪与轮廓线平行，一根根地沿轮廓线修剪。

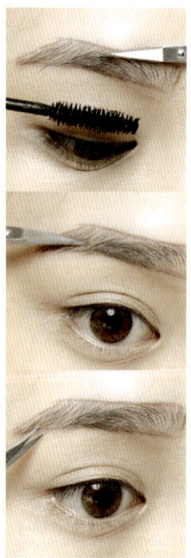

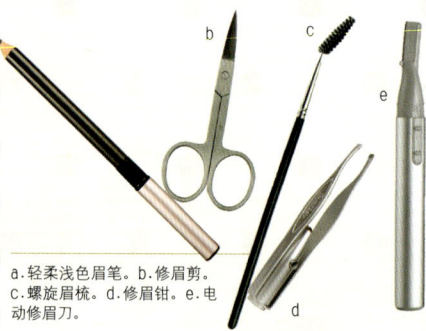

---

a.轻柔浅色眉笔。b.修眉剪。
c.螺旋眉梳。d.修眉钳。e.电动修眉刀。

**基础技巧**

1.用眉刀仔细修除眉头至眉峰上方约1厘米范围内的杂眉。在眉尾外侧约1厘米处的杂眉也要用眉刀细致进行刮除，从发际线向下，慢慢将细眉清除干净。

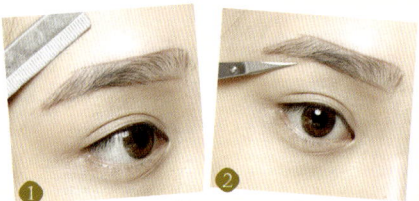

1

2

2.紧邻轮廓线部位的杂毛如果不易刮除，可以选择用眉钳拔除，拔除时用眉夹紧眉毛根部，顺着眉毛生长方向一根根拔，这样才不会过度拉扯肌肤。

基础造型之
眉妆秘诀
05

逐根画出毛束般的细线

# 用眉笔画线填补
# 打造轮廓清爽的双眉

借助眉笔可以塑造出粗度与色调适中的自然感双眉，
根据脸型确定眉峰的位置，从眉峰处开始描画眉毛，最后再画眉头，
按照眉毛的自然生长方向，用眉笔一笔一笔地逐根描画出如眉毛般的细线。

## ■ 基本描画方法

## 确定眉头与眉峰的位置
## 逐根地描画出细线填补眉毛间隙

◎先确定眉峰的位置，使眉形顺应眉骨的结构，并依照先描画眉毛边缘，再填补内侧颜色的方式进行描画。

◎眉头位置的确定也很重要，空出眉头2毫米的距离不画，避免眉毛出现呆板的印象，使眉形更加自然。

◎小幅度细碎地移动笔尖，一根根描画细线条，形成自然毛束感是关键。

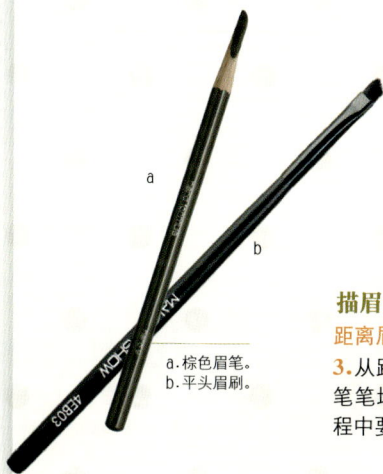

### 标示
### 确定眉峰的弧度

**1.** 用褐色眉笔，先从眉峰处开始描画，沿眉峰最高部分的轮廓，描画出弧形曲线，角度要平缓，在确定眉峰后再描画眉形，不容易出错。

**确认眉峰弧度**

1

**眉峰至眉尾**

2

a. 棕色眉笔。
b. 平头眉刷。

### 勾眉峰至眉尾
### 由眉峰描画至眉尾

**2.** 沿着眉峰的曲线向下描画眉峰至眉尾部分，沿眉毛的走向一根地勾画出像自身眉毛一样的细线，眉尾不要过尖。

3

←2毫米

### 描眉头至中部
### 距离眉头2毫米开始描画

**3.** 从距离眉头约2毫米处开始，向眉毛中部一笔笔地描画细线，填补眉毛间隙。有描画过程中要随眉毛生长方向来变化描画角度。

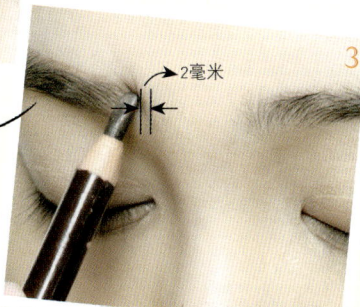

**眉头晕染自然**

### 基础技巧

■ 描眉时，用眉笔沿毛发生长方向，边变换描画角度，边一根一根地仔细画出毛束感，将眉毛之间的空隙自然填补，不露出泛白的肌肤，不要用眉笔涂满颜色。

4

**描画眉头处**

### 描眉头
### 距离眉头2毫米开始描画

**4.** 逆毛发生长方向小幅度移动眉笔，描画步骤3空出的眉头，眉头的眉色要描画得比眉后部淡一些，避免显沉闷。

**去除突兀的线条感**

# 指腹和眉刷的融合晕染
# 打造毫无突兀感的自然眉色

◎在用眉笔描画完眉毛后，借助手指和眉刷将眉笔的颜色晕染自然，去除明显的线条感和色块不均匀的现象。
◎眉头的颜色过重会给人不自然的印象。可以在涂抹鼻部阴影的时候，用粉刷在眉头处晕染阴影粉，打造自然清爽的眉色。
◎用干净眉刷，从眉头向眉尾轻轻扫过，自然晕开眉笔描画的线条，并整理眉毛走向。

◎眉峰是首先要描画的部位，然后逐根描画出像眉毛一样的短线，避免先勾轮廓再填色。

◎为保持眉毛颜色的自然感，应在眉头处空出2~5毫米不进行描画，或用手指向前晕染上颜色即可。

**用手指晕染 去除明显色块**

**晕开**
用手指模糊眉色
**1.** 用眉笔描画眉头至中部一段后，沿着眉头下方的凹陷处，在填色的部位用手指轻轻将颜色晕开，模糊着色不匀的部位，消除明显色块。

**浅色眉粉 打造自然感眉头**

**淡化**
眉刷晕染淡化眉头色调
**2.** 用眉刷蘸取适量颜色较浅的眉粉，在眉头与鼻侧的部位自然晕染，淡化眉头颜色，使眉毛看上去更加自然。

**眉刷晕染 使眉色更加柔和**

**晕染**
将整个眉毛晕染自然
**3.** 用眉刷从眉头向眉尾方向轻轻扫过，晕开眉笔描画的线条，并整理眉毛走向，使眉色看上去更加柔和。

**基础技巧**

**1.** 左、右眉毛都描画后之后，正对镜子，平视前方，确认眉峰、眉头与眉尾的位置是否协调，符合预先确定的眉形，并看一下左右两侧眉毛的高度、粗细、色调是否一致。

**2.** 描画好眉毛后，可以使用螺旋眉梳从眉头向眉尾梳理整个眉毛，使毛发更加整齐顺畅，并适当调整描画的眉色，使效果更加自然。

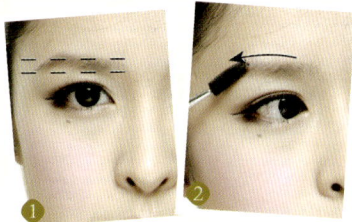

基础造型之

**眉妆秘诀**

**06**

自然的粗度和色度

# 用眉粉自然晕染
# 营造**色泽柔和的双眉**

眉粉以其轻盈和细腻的粉末质地，
能够轻松且明显地填补眉毛间的空隙，帮助修使眉形与眉色，
眉粉需要配合斜角眉刷使用，可呈现自然的效果，持久服帖。

■ **基本涂抹方法**

## 借助眉刷在眉毛根部双向
## 均匀晕染，提升双眉的柔和色调

◎用眉刷从眉头到眉尾一气呵成，很容易涂抹得不均匀，用眉刷小范围地填补上颜色，使整体轮廓更清爽。

◎从毛发根部充分晕染上眉色，使眉部肌肤完全被遮盖住。

◎顺着眉毛生长方向画，眉头至眉峰横向刷涂，眉峰至眉尾斜向下刷涂。

**描画眉峰至眉尾下方** 1

**刷涂**

用眉粉确认眉毛的轮廓

**1.** 用眉刷蘸取眉粉，先描画出眉峰的位置，再沿眉峰下侧的眉毛边缘斜向描画出眉下位置。

**沿走向涂刷**

**描画**

从眉峰向眉尾一笔笔描画

**2.** 用眉刷从眉头向眉尾一笔描画，容易着色不均匀，用眉刷先顺毛发生长方向，从眉峰平行刷至眉尾。

**填补上颜色**

**填补**

从眉峰向眉头逆向描画

**3.** 逆向刷涂眉头部分，从眉峰到眉尾细细描画，在轮廓范围内一笔笔地填补上颜色。

a.三色眉粉。b.双色眉粉。c.平头眉刷。

3

**基础技巧**

1.用粉刷蘸取蜜粉在眉部轻轻扫上一层，这样做有利于防止眉粉结块脱妆。

2.用螺旋眉刷从眉头轻轻刷向眉峰，再从眉峰刷至眉尾，最后再用透明眉胶或透明睫毛膏定妆。

① ②

**调整走向**

**晕染**

将眉色晕染均匀

**4.** 用眉刷从眉头向眉尾轻轻扫过，将整体颜色自然晕开，同时也整理了眉毛的走向。

4

## 浓淡双色打造渐变感

# 分区加入深、浅双色眉粉
# 使色调呈现渐变感，打造自然眉色

◎粗宽部位用深色，细窄部位用深色，这种深浅分开描画的方法能够将自然与柔美结合在一起，呈现更加立体的眉妆。

◎以眉峰为中点，在眉头至眉峰的偏粗部位用浅色晕染，眉峰至眉尾的偏窄部位用深色填补眉色，使眉色过渡自然。

◎晕色时结合眉刷尖端和侧面，分别修饰窄部与宽部。

◎眉中至眉头的眉色应稍浅，不用眉笔描画，只用颜色稍浅的眉粉晕染即可。

◎眉中至眉尾的眉色应稍深，用眉笔描画出眉骨线，然后用颜色稍深的眉粉进行晕染。

### 眉笔
### 描画确定眉形

**描画**
用眉笔描出轮廓线并填补空隙

**1.** 用眉笔先从眉峰画到眉尾，眉头至眉峰画出一条直线。然后从眉头至中部细细填补毛发间的空隙，眉头空出约2毫米。

### 眉峰至
### 眉头加入深色

**晕开**
眉峰至眉头用褐色

**2.** 用眉刷将偏深的褐色眉粉，从眉骨向眉头自然将颜色晕开，强调出有一定粗度的眉头。

### 用浅色
### 调和整体色调

**刷涂**
整体用浅棕色

**3.** 用浅棕色眉粉从眉头向眉尾整体晕开，与深色区域重叠融合，自然强调出眉部的立体感。

### 基础技巧

**1.** 用眉刷蘸取眉粉后，不要直接晕染在眉毛上，先在手背上调试一下颜色的浓淡，去除刷头的余粉，这样可以避免涂抹后颜色过重。

**2.** 最后可以用染眉膏从眉头至眉峰，顺眉毛走向仔细涂抹，不要涂到根部，而是从表面轻刷，使眉毛均匀着色。

基础造型之
**眉妆秘诀**
**07**

定型并提亮双眉
# 用**染眉膏**淡化眉色
# 打造**色调明亮**的双眉

如果发色较亮，描画眉毛后可以使用染眉膏提亮色调，染眉膏细腻的膏状质地，可以很好地附着在每根眉毛上，轻易打造出明亮眉色，提升与发色的协调感，并赋予眉毛柔软质感。

■ **基本刷涂方法**
## 以"先逆向再顺向"的方法
## 均匀刷涂，固定眉型并提亮双眉色调

◎使用染眉膏前务必梳理眉毛，以免纠结的眉毛让染眉膏沾到皮肤。
◎眉部较稀疏的话，先用眉粉填补上眉色再使用染眉膏。
◎先逆向再顺向的刷涂方式，可以从多个角度使每根眉毛都沾染上染眉膏，颜色更均匀。
◎染眉后用透明眉膏轻刷整个眉毛，在表层形成保护，定型并防止脱色。

**逆向**
**从眉峰至眉头逆向刷涂**
**1.** 用染眉膏的刷头逆向刷涂眉峰至眉头部分，小距离地移动刷头，从眉毛根部均匀涂抹染眉膏。

先逆向刷眉毛

1

正向刷眉毛
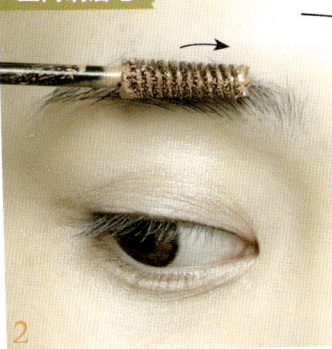
2

**顺向**
**从眉头至眉峰顺向刷涂**
**2.** 顺眉毛走向，从眉头向眉峰轻刷眉毛表面，不要触碰根部，通过双向涂刷的方式，使眉毛的着色更均匀。

双向填补颜色

3

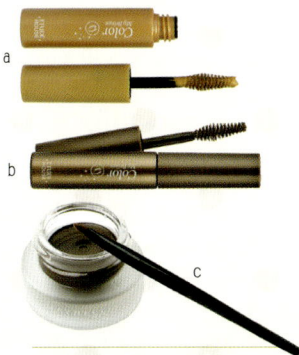

a.金棕色染眉膏。b.棕色染眉膏。c.睛采造型持久完美染眉膏。

**刷涂**
**眉尾部分**
**3.** 用刷子的前端，先从眉梢至眉峰逆向刷眉毛根部，再从眉峰至眉梢方向顺向刷涂眉毛表面。

**基础技巧**

1.染眉前，用螺旋眉刷沿眉毛的走向将眉毛梳理通顺，眉头向上梳理，眉峰斜向上梳理，眉尾斜向下梳理。

2.用眉刷蘸取眉粉，在手背上调色后，从眉峰平行刷至眉尾。补足稀疏的眉尾。

整体均匀度

4

**晕染**
**模糊眉色并定色**
**4.** 用透明眉膏轻刷整个眉毛，晕开眉色并防止脱色，沾到眉周的多余膏体，用棉棒轻拭干净。

基础造型之
**眉妆秘诀**
**08**

解决常见眉部问题
# 拯救不完美的眉形
# 打造协调感平衡双眉

很多人的眉毛在颜色或者形状方面都存在一定的问题，
只要在化眉妆的过程中加入一些补色、晕染、修剪的小技巧，
就可以使眉形变得完整平衡，眉色变得浓淡相宜，线条变得流畅柔美。

## ■ 描画线条填补稀疏

### 埋入式描画线条填补颜色
### 保留粗度，提升稀疏眉毛的浓密感

◎只在眉色过淡的部位与稀疏的眉尾，用眉笔细碎地小幅度移动描画，用埋入式使颜色自然均匀。
◎用中间色的眉粉填补稀疏的间隙，保留一定粗度，但不要过度用颜色涂满眉毛，反而会显浓重。

**填充**
用眉笔画出毛发
**1.** 用棕色眉笔将粗度不够的部分画上如眉毛般的细小线条，补齐眉形。

**描画**
用眉粉描出眉尾
**2.** 用眉刷蘸取眉粉，并刷涂在眉尾处，将刷头横过来可画出比较粗而均匀的线条。

## ■ 修饰不对称的双眉

### 在眉峰处进行修剪和填补
### 使不对称的双眉呈现平衡感

◎通过修剪来统一眉形是最直接的办法，不要过度拔除高出轮廓的眉毛，否则会导致眉部活动时显得不自然。
◎通过补充描画眉峰的眉毛使双眉眉峰上缘水平对齐，并在眉头下方添加阴影，可以有效协调左右侧的平衡。

**修剪**
用眉剪剪掉过长眉毛
**1.** 用眉笔勾画出眉毛的框架，比较两边的眉形，将超出框架的过长的眉毛用眉剪仔细地剪短。个别的细小眉毛要用眉钳一根根地拔掉，注意不要过多拔除造成残缺。

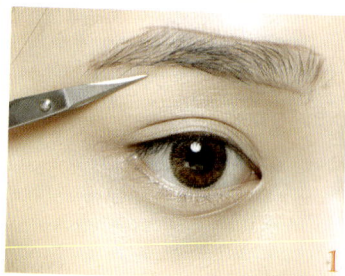

**填充**
用眉笔填补颜色
**2.** 确认眉峰并用眉笔从眉头向眉尾一根根地细碎描画，填补上眉色，用棉棒晕匀。

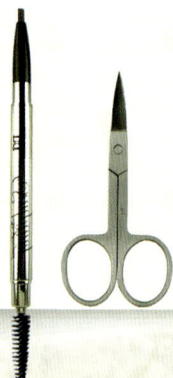

■ 减淡眉毛的稀疏感

# 描画下缘线后晕染补色
# 加重眉色，提升过淡眉毛的存在感

◎眉毛颜色过淡会使眼睛失去神采，通过填补颜色可以提升存在感。
◎确认眉峰位置后，从眉头开始沿眉峰下缘描画出略有角度的偏直线条。
◎眉色过淡的部位，用眉粉进行埋入式补色，自然增加眉色的饱满度。

**描边**
描画眉峰下缘

1.确定眉峰的位置（眉峰不要过于靠内侧），用棕色眉笔沿眉头的角度，沿眉峰的下缘描画直线。

**晕染**
用眉粉自然晕开

2.用眉刷蘸取浅棕色眉粉，先以斜向下的笔触描画眉尾，然后从眉头至眉峰横向自然晕染开。

---

■ 收敛轮廓柔化粗眉

# 空出眉毛的上下轮廓
# 从视觉上削弱过粗眉毛的突兀感

◎将眉毛拔短或拔掉轮廓内的眉毛来补救是错误的。
◎用浅色的眉粉填补整个眉毛，注意空出眉毛上下的轮廓边缘处，从视觉上收敛眉形的粗度。
◎通过调整眉色的浓淡，提升眉尾的存在感，使双眉饱满而不浓重。

**描画**
用深色眉粉描画
眉尾与眉峰

1.用深色眉粉描画眉尾（眉尾与发际线平行），眉尾稀疏部位用易着色的乳霜状深色眉膏来描画，然后用眉粉填补轮廓内露出肌肤的部位。

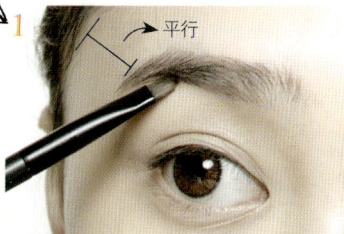

1 平行

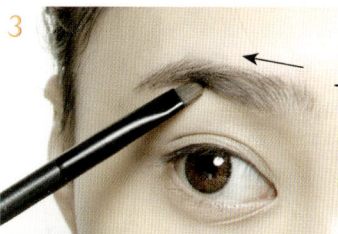

3

**晕开**
眉头至眉峰横向
晕染开

3.用眉刷从眉头至眉峰将刚刚描画的线条横向晕染开，使颜色更加柔和。

2

4

**描画**
斜向上描画眉头至眉峰

2.用眉刷蘸取浅咖啡色眉粉，从眉头向眉峰，以斜向上的笔触描画出一根根的线条。

**提亮**
眉头处用浅色提亮

4.不用再蘸取眉粉，用眉刷上残余的少量眉粉晕染眉头部位。

## ■ 使眉峰呈现弧度
# 将眉峰修整和晕染出弧度
# 使平直眉呈现出自然的曲线感

◎眉型过于平直会缺乏柔美感，通过调整眉峰的弧度并晕染出自然色彩，增加曲线感。
◎刮掉眉峰下缘1毫米宽度的眉毛，使眉峰呈现出弧度。
◎直接用眉笔描画线条加粗眉形，容易显得生硬，用眉粉配合染眉膏使双眉变得更自然。

### 描画
用棕色眉粉在轮廓内描画眉形
**1.** 用眉刷蘸取棕色的眉粉，在确定的眉部轮廓内从眉头到眉峰再到眉尾仔细进行描画。

### 刮除
刮除多余眉毛
**2.** 用眉刀将上眼睑距离眉部下缘1毫米部分的多余毛发刮除，也可用眉钳夹紧眉毛根部快速拔除，减少疼痛感。

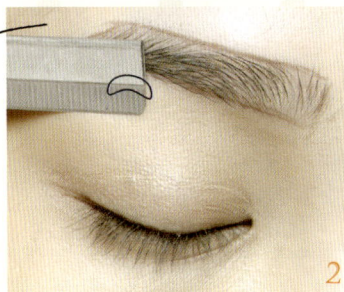

### 加粗
用眉粉增加眉头的粗度
**3.** 从眉毛中间向眉头用眉粉晕染，眉头过细部位，横向使用眉刷，沿下缘描画，使眉头适当加粗。

### 调整
用染眉膏调整眉色
**4.** 为了提升眉色的柔和效果，用亮色染眉膏从眉毛中间开始，先向眉头刷涂再向眉尾刷涂。

## ■ 描画毛束般细线填补
# 画线并晕染增加毛发感
# 使残缺眉毛呈现出完美廓形

◎用眉笔描画填补残缺，描画出一根根犹如眉毛般的细线是关键。
◎眉粉的晕染，扫除眉笔描画出的明显线条感，使细线呈现出绒毛般的自然效果，就可以修饰出真实感。

### 描画
在眉尾处画出毛发
**1.** 在残缺的眉尾部分横向描画出一根线条，不要过于下弯，与眉头呈现自然平衡感。

### 晕染
用眉粉打造绒毛感
**2.** 用刷子蘸取棕色眉粉，从眉头到眉尾，一边将刚刚描画的线条晕染自然，一边填充上柔和的颜色。

基础造型之
**眉妆秘诀**
**09**

使画眉妆更顺手
# 解决常见眉妆问题
# 使双眉更加出色得体

干净利落的眉妆可以修正脸型，改善精神状态，
但那些关于眉毛形状、颜色等问题常常困扰着很多人，
以下解答几个常见问题，运用简单技巧打造更精致的眉妆。

## 常见问题1
### 两边的眉毛长得很近，快连到一起了，该如何修型？

◎这种眉毛被称为"向心眉"，会给人以局促和不大气的感觉。应适当修整加宽两眉之间的距离。

1.可选用剃刀将两眉间鼻梁附近的眉毛去除，使眉头与内眼角对齐。
2.画眉时，从眉腰处开始下笔，可以从视觉上拉宽眉间距离。

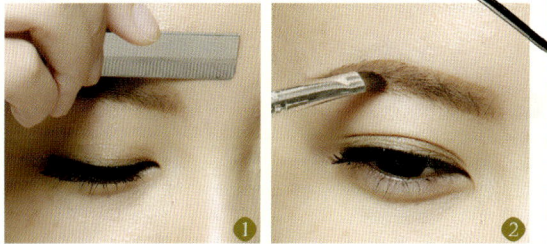

## 常见问题2
### 眉部易出油，易脱妆，如何使眉妆清爽并能快速修补？

◎在画眉妆时及脱妆之后拭去多余的油脂，可以保持妆效不脱落。

1.画眉妆前，先用湿棉棒轻拭眉部去除油脂，避免油脂导致的上色不佳。
2.画好眉部后，用粉扑蘸取少量散粉轻压眉周，抑制出油状况。
3.脱妆时不要直接描画，先用吸油纸轻压眉毛吸拭浮出的油分，再补上眉色。

## 常见问题3
### 眉毛颜色和发色不一样，看上去有点土气，怎么办？

◎在改变眉色的时候应该依据肤色和发色来挑选颜色，这样才会比较自然。

由于亚洲人的肤色发黄，发色为黑，所以一般来说棕色的眉色为大多数人的选择。眉毛染色，不需要像染发一样复杂，特别是敏感人群，最简单有效的方法就是选择带颜色的染眉膏，既可以随心所欲，又不会出现染眉时的过敏现象，更加方便、安全。

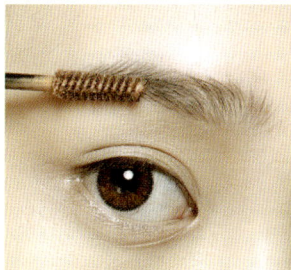

## 常见问题4
### 眉色过淡，如何让轮廓更分明，凸显立体感？

◎用眉笔强调眉下轮廓再填充颜色，使眉形更鲜明。

描画颜色过于浅淡的眉毛时，通常为了强化眉色，会用眉笔过度描绘出"同一浓度"的粗重眉，这样反而会显得双眉过于浓重，十分不自然。正确的做法是，用眉笔勾勒眉形下部边缘略外侧的线条，加强眉形下部轮廓的清晰度，再用眉粉填满颜色。

105

基础造型之
**眉妆秘诀**
**10**

平衡、立体的妆效
# 用**清晰流畅**的轮廓
# 打造**蓬松饱满**的眉形

眉尾的长度与弯度直接影响整体印象，
眉尾不要过细，整体眉形才能保持一定平衡感和适当粗度。
通过小幅度地移动式描画与深入根部的晕染，
形成质感柔软、色泽自然的毛束感是关键。

■ **轮廓画法**
## 用"交汇点"为基点确认眉尾轮廓
## 使整体眉形呈现流畅的曲线感

◎眉笔、眉粉与染眉膏的色调要选择淡雅一些的，使双眉看起来色泽清爽、质地柔软是法则。
◎毛发朝上的眉头与毛发向下的眉尾交汇处，作为描画轮廓的基点。
◎用眉笔描眉时，要细致的一笔一笔画出毛发效果，填上颜色。
◎适当保留一定的粗度，令妆容显得清爽、柔和一些。

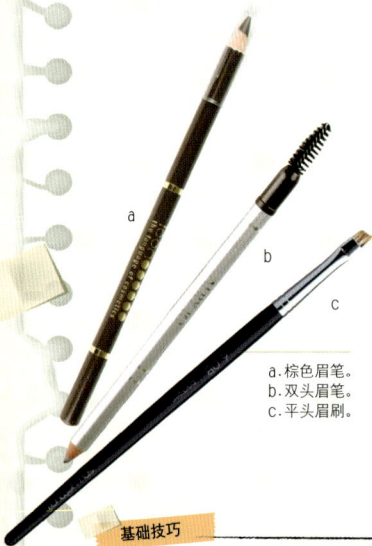

a. 棕色眉笔。
b. 双头眉笔。
c. 平头眉刷。

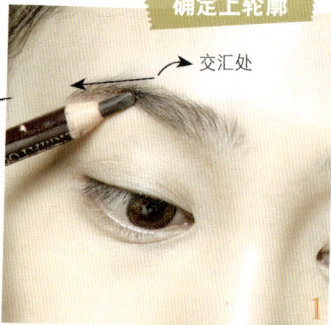

**确定上轮廓**

交汇处

**上轮廓**
从眉中部向眉尾描画上轮廓
**1.**用棕色眉笔从毛发向上的眉头至毛发向下的眉尾交汇处（基本在眉部中央）开始，向眉尾描画轮廓线。

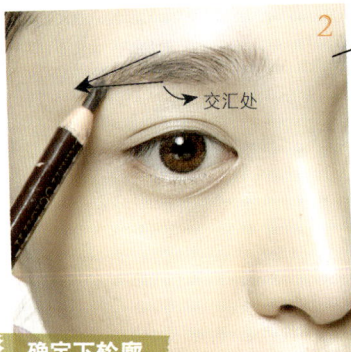

交汇处

**下轮廓**
从眉中部向眉尾描画下轮廓
**2.**从眉毛中部下方的交汇处，向眉尾描画轮廓线，在末端与上方的轮廓线自然衔接。

**确定下轮廓**

**额头**
眉尾的位置与弧度
**3.**眉尾过长或弧度过于弯曲，会显得不自然，确定眉尾位置时，从眉头宽度中间开始画一条水平线，眉尾的位置就在这条线上。

**眉尾的确定**

■ **基础技巧**

眉头处用眉部小幅度移动描画，用眉刷沿眉头的弧度向下晕开，将眉头的颜色晕染得淡一些，眉头的颜色比眉尾的略淡一些，才能营造出自然的妆效。

**整理眉毛轮廓**

**整理**
整理眉形使轮廓
更清晰
**4.**用螺旋眉刷从眉头开始向上刷，从眉毛中部向眉尾向下刷，沿眉毛走向，整理眉形。

**■ 调色画法**

# 用"小幅度晕染"与"逆向染色"使眉色饱满而不过于浓重

◎用眉笔描画后，再用眉粉重叠填补上颜色，使用眉色更加持久。

◎用眉刷从眉头到眉尾一气呵成，很容易易涂不均匀，用眉刷小范围地填补上颜色，使整体轮廓更清爽。

◎染眉膏的涂抹方向一定要配合眉毛的走向，先逆向充分刷着毛发根部，再顺向刷匀表面是法则。从毛发根部充分晕染上眉色，使眉部肌肤完全遮盖住。

◎米粉色腮红给人以自然利落感，以微笑时颧骨最高处为中心，上下左右移动刷头将腮红在脸颊晕开。

◎用唇刷蘸取裸色唇膏，涂抹在整个唇部，要从嘴角向内仔细涂抹，避免唇膏堆积在嘴角处。

**用眉粉
小幅度填补眉色**

**眉中至眉尾**

画圈轻刷使底妆更轻薄透明

**2.** 用眉刷蘸取浅棕色眉粉，沿眉尾轮廓线内侧开始，来回移动刷头填补颜色，由眉毛中部至眉尾的上缘描画，使眉形显饱满。

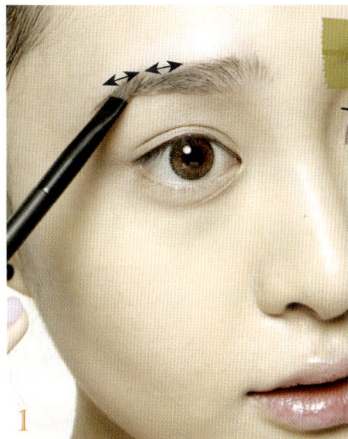

1

**眉头
晕染出柔和感**

**眉中至眉头**

涂抹眉毛中部至眉头下侧

**2.** 再从眉毛中部向眉头处稍向下移动涂抹，来回移动刷头，与眉尾的描画部分呈平形状涂抹，让眉毛更具柔和感。

**染眉膏
要深入根部晕染**

**染眉**

先逆向再顺向晕染眉色

**3.** 蘸取后调节染眉膏刷头的用量，先逆着眉毛的生长方向刷，使颜色深入眉毛根部，接着沿眉毛生长方向涂抹表面，均匀上色。

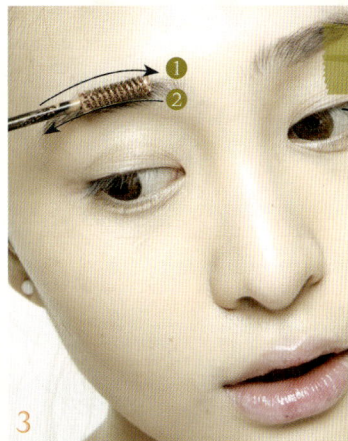

2  3

**基础技巧**

**1.** 眉头或眉尾处眉毛过细或不再生长的稀疏部位，用眉刷蘸取眉粉，沿眉毛下缘一点点仔细描画，使眉部轮廓适当加粗，然后用螺旋眉刷轻刷，使眉色均匀。

1

**2.** 眉毛描画过粗或不小心描出轮廓的部位，可以用浅色遮瑕膏遮盖轮廓外。同时在眉峰下方局部涂抹浅色遮瑕膏，形成高光区，可以使眉部的轮廓更清晰立体。

2

基础造型之
**眉妆秘诀**
**11**

柔和、清爽的妆效
# 用**柔软毛束质感**
# 打造**刚柔相济**的自然眉

结合眉头、眉峰与眉尾的轮廓特点，
巧妙搭配不同的上妆用品来调整眉形与眉色的平衡感，
通过逆向、正向、根部、表层的手法运用，
塑造柔和与力度相融合的眉部印象。

## ■ 轮廓画法
## 交替使用眉粉与眉笔描画轮廓
## 用"埋入式"画法使双眉更饱满

◎用眉粉晕染出圆弧状的眉形，眉笔
只用于补足稀疏部位的眉色，完成的
效果会更加自然。

◎眉头用眉粉适当加粗，眉尾用眉笔
适度加长，粗度与长度的局部调整，
使印象更显成熟。

◎眉尾到眉峰要保持一定的粗度，眉
尾不要过于尖细，保留每周的细小绒
毛形成柔和的弧线，更显自然。

**轮廓**
**从眉峰向眉尾自然衔接**
**1.** 用眉刷蘸取棕色眉粉，先从眉头开
始，沿轮廓内向眉尾填补颜色，再从
眉头向眉峰衔接上，眉峰与眉尾形成
自然的圆弧形。

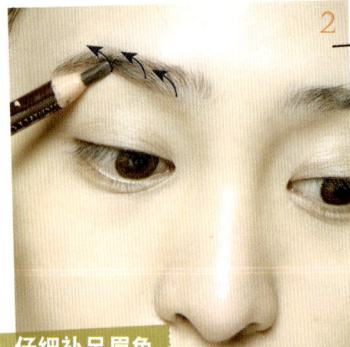

沿轮廓衔接
1

**填补**
**用眉笔仔细补足眉色**
**2.** 用眉笔将稀疏的部位的眉色填补
上，用笔尖小幅度仔细勾勒细线，画
出自然的毛束感，令眉色更饱满。

**仔细补足眉色**

**额头**
**眉尾的位置与弧度**
**3.** 眉用眉粉从眉毛中部向眉头晕
染眉色，眉头过细的部位，用眉
刷沿眉毛下缘描画，适当加粗。

眉头略有粗度
3

a.双色眉粉（浅棕色/深棕
色）。b.双色眉粉（金棕色/
深灰色）。c.棕色眉笔。d斜
头眉刷。

## ■ 基础技巧

■ 用眉粉调整眉毛的色
调时，选择同色系的
深、浅色眉粉，浅色
用于涂抹眉头的前半部
分，深色用来涂抹眉峰
至眉尾，借助深、浅色
的搭配，从眉头向眉尾
自然过渡，自然打造出
立体眉色。

调整眉尾线条

**眉尾**
**用眉笔补足眉尾的线条**
**4.** 用眉笔沿眉尾的走向细细地
填补颜色，使末端略长于最教
育眼角连线的延长线，使印象
更显成熟。

**调色画法**

# 用染眉膏与透明眉膏来调整色调 提升妆容的自然感与持久性

◎用眉粉与眉笔描画后，用亮色染眉膏与透明眉膏调整色调，使眉色更轻快、持久。

◎用交替变化刷头的方向，并几何深入根部、涂抹表面的晕染力度，在晕染眉色的同时，营造出柔软质感。

◎涂染眉膏后，眉部呈现的色泽要比染眉膏本身的颜色略暗一些，所以，应选择明亮一些的颜色。如果发色较浅，应选择与发色接近且遮瑕力强的染眉膏。

◎用米粉色腮红提升自然感。沿颧骨轮廓先由耳根向鼻部自然淡开，再呈椭圆形反向晕开。

◎用唇刷蘸取裸粉色唇彩从唇部两侧向内涂抹在整个唇部，下唇中央的部位应顺着唇纹纵向涂抹，可以更好地遮盖唇纹。

## 用染眉膏 逆向晕染眉色

### 眉峰至眉头
用染眉膏细碎地逆向染色

1.用纸巾轻逝刷头上的多余膏体，你逆向刷没峰值眉头的部分，小距离细碎地移动刷头，从毛毛根部均匀晕染上颜色。

## 来回 晕染根部与表面

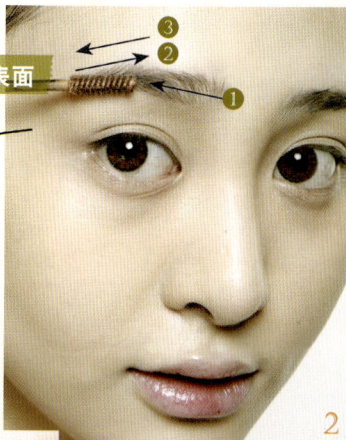

### 眉头至眉尾
逆向、正向交替晕染眉色

2.从眉头向眉峰顺向涂刷眉毛表面，不要涂到根部。用刷头从眉梢到眉峰逆向刷眉毛根部，再正向刷表面。

## 用眉膏 模糊眉色并定色

### 定色
透明眉膏使眉色均匀持久

3.用透明眉膏从眉头向眉尾轻刷整个眉毛，晕开眉色并起到定色的作用，溢出眉周的膏体，用棉棒轻拭干净。

**基础技巧**

1.眉色过深看着会很呆板，涂眉粉时只要稍微补足眉色即可。对于过黑的部位，可以用棉棒蘸取遮瑕膏逆着毛发走向涂抹，再用亮色染眉膏整体调整均匀。

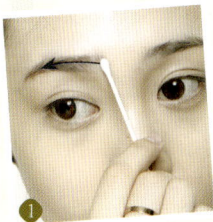

2.眉峰较明显的生硬眉形，容易显得印象不柔和，可以在角度生硬的眉峰下侧，用与眉色接近的眉笔补足，弱化眉峰的高度，使眉形更自然。

基础造型之
**眉妆秘诀**
**12**

淡雅、温和的妆效
# 用柔软毛束质感
## 打造柔美自然的平直眉

线条平缓的眉形印象柔和，适合修饰长脸型，
修眉与描画时要保持眉头与眉尾的平直线条与接近的粗度，
通过恰到好处的修整来弱化眉峰的弧度，
使眉部轮廓缓和而不失力度。

**■ 轮廓画法**
## 适度修整出轮廓平缓的轮廓
## 弱化眉峰角度，并保留一定粗度

◎用眉刷将眉形梳理平直，顺毛发生长方向整理的同时，显角度的部位要横向梳理，不要向上提拉。

◎眉峰下侧的绒毛不要修掉，重点拔除长出眉峰外侧的长毛，使中部的角度下移。修整眉周细小绒毛时，要离开眉部轮廓一段距离，保持一定粗度，使眉形更容易显得缓和。

◎眉头与眉尾的粗度要接近，使轮廓更平缓。

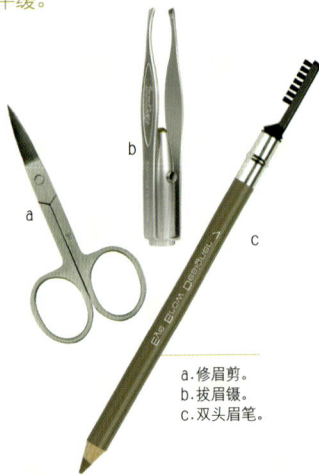

a.修眉剪。
b.拔眉镊。
c.双头眉笔。

**整理平直轮廓**

**整理**
用螺旋眉刷梳理眉毛形状
**1.** 为了让眉毛呈直线，要用螺旋眉横向梳理眉毛，经过梳理可以大致打理出眉毛的基本轮廓，使后续描画不容易出错。

**修剪眉周杂毛**

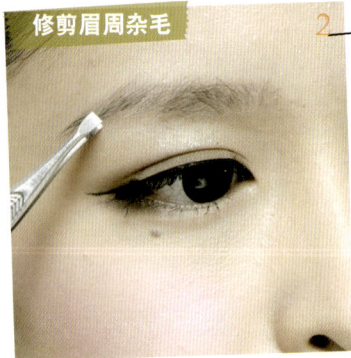

**拔眉**
用眉钳修剪多余的杂毛
**2.** 用眉钳顺着眉毛生长的方向拔掉眉型轮廓线外的杂毛，眉毛下方的细小汗毛可以不拔，使轮廓更柔和，并保留眉峰下方的粗度，避免显角度。

**修整眉峰轮廓**

**修眉**
修区眉峰处过长的眉毛
**3.** 如果眉峰过于明显，可以用遮瑕膏进行遮盖，或者略微拔掉，过长的眉毛要用眉剪修剪掉。

**基础技巧**

1.用眉头向上生长的毛发与眉毛中部横向生长的毛发交汇处，是毛发密集的部位，修剪时，只需要将这个区域长出轮廓外的长毛剪短即可，适当保留眉周的细小毛发，可以避免眉形显生硬。

2.用粉刷在整个眉部轻刷蜜粉打底，消除眉部的多余油脂，可以避免上色时结块，描眉时也更顺畅。

**■ 调色画法**

# 用眉笔呈直线状调整眉形
# 缩小眉峰的弧度，出现柔和线条

◎用眉笔描画平直的线条，重点放在调整眉峰至眉尾的角度，使眉头与眉尾保持一定的粗度，从而使眉峰的弧度自然减弱，调整出平直轮廓。

◎用由于眉形要有一定粗度，用眉笔填补色时不要将颜色涂满整个眉毛，应用描细线的手法，使着色有一定的空隙感，才能即获得饱满感，又不显眉色过重。

◎用眉粉调整眉峰下方的平直感是重点。

◎在眼下三角区加入高光粉，从眼尾向眼角再从眼角向颧骨上方呈弧线轻扫。

◎在脸颊打过腮红后，取少许浅一些的腮红，打在眼角下方，与颧骨上的腮红自然衔接，这样可以提亮脸颊和眼部的轮廓。

**弱化眉峰的弧度**

**眉峰至眉尾**

描画眉峰下方，缩小眉峰出弧度

**1.** 从眉峰略靠眉头的位置到眉尾最下方的连线是需要描画的位置。通过描画这里可以缩小眉峰的弧度。

**用眉笔呈直线填补眉色**

**眉头至眉尾**

用眉笔呈直线描画并填色

**2.** 用眉笔先从眉峰描画至眉尾，眉头至眉尾不要有弧度，并要保持眉头与眉尾的粗度接近，使眉峰不会挑起得过于突兀。

**用眉膏模糊眉色并定色**

**调色**

用眉粉与染眉膏柔化眉色

**3.** 用眉刷蘸取棕色眉粉，从眉峰刷至眉尾，再刷至眉头，刷的同时将眉笔颜色晕开，眉峰下方的线条要补足。用染眉膏调整眉色，先逆着眉毛从根部刷到眉尾，再顺着眉毛流向均匀在表面上色。

**基础技巧**

1.眉头过细，如果直接用眉笔描画线条来加粗的话，容易显得轮廓生硬，可以用眉粉沿眉毛中部至眉头的下缘适当加粗，并用染眉膏柔和色，效果更自然。

2.用眉笔填补眉色时，以眉毛的下半部分为中心，可以避免颜色过重。描画时要保留适当粗度，但不要过度填满颜色，应用细线营销处空隙感，才能饱满但不浓重。

## 常见的唇妆产品
# 用适宜的唇妆产品
# 打造饱满莹润的双唇

塑造水润饱满的双唇，选择合适的唇妆产品是关键，
无论是唇膏、唇彩或唇蜜，都可以打造出均匀细腻的色泽，
唇线笔则帮助改善和塑造清晰的唇部轮廓，使唇妆更加出色。

### ■ 缓解唇部干燥
## 唇部打底
## 打造滋润双唇

◎提升滋润度，消除干纹
的妆前打底。

→ 干燥导致唇纹加深，无法涂
出润泽感，用棉棒蘸取保湿润唇
膏，顺纹理将唇纹填平，使唇部
平滑更易上妆。丰唇油与遮瑕膏
可以提升唇部饱满感、修饰原本
唇色，打造立体唇形，使后续唇
膏更显色。

### ■ 提高双唇光泽
## 唇蜜、唇冻
## 营造水嫩光泽

◎修饰唇色和光泽度，使
双唇色泽更有魅力。

→ 因为质地滋润和容易上手而受
到年轻女生的青睐，从带珠光感
到油亮到水润的都有，但是显色
度和遮盖力不如唇膏，所以建议
可以先上口红后，在唇中轻微点
上唇蜜效果为最佳。

### ■ 改变唇部颜色
## 唇膏
## 打造饱满唇色

◎可以增加嘴唇的色泽或
改变嘴唇的颜色。

→ 多以螺旋转出的方式居多，
也有比较细的笔状。目前市面上
的唇膏种类主要有金属光感、丝
质、油亮、水润等种类。针对现
在很多女性都容易因为天气或办
公室空调而嘴唇干燥，护唇膏与
唇膏合一功效的口红也相当多。

### ■ 改善唇形细节
## 唇线笔
## 塑造完美唇形

◎调整唇形，修饰不理想
的唇部轮廓。

→ 唇线笔可以更精准地描画出唇
型，并为不完美的唇形作修正，
或是根据需求来做唇型调整。一
般使用唇线笔的颜色多半与自然
的唇色相近，或是与表现的唇膏
颜色一致。

**唇峰：**最高部位的轮廓
要有一定饱满感，线条
圆润，不要出现明显的
棱角。

**唇峰：**上下唇的侧面轮
廓线呈现出一定的丰盈
感，过薄会显得唇形不
饱满。

**下唇：**上下唇厚度比例
为1：1.2较适中，下唇
中部外缘描深色唇线，
可以强调出立体感。

**唇缘：**唇峰上侧的边缘
处用高光粉沿唇峰轮廓
提亮，强调出立体的唇
部轮廓。

**嘴角：**微微上翘的嘴角
使表情更富有亲和力，
通过遮瑕并描画上扬的
唇线打造微笑表情。

**唇中：**上下唇中部强调
凸出部位的光泽，闪亮
唇蜜使唇形更显圆润。

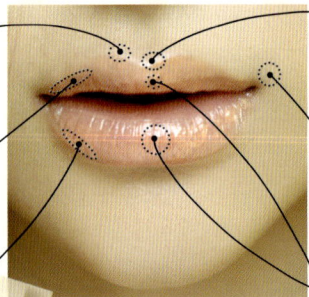

### 基础技巧

1.修整眉形、描画眉色，选择便于操
作的眉妆工具，可以使造型与晕染都
得心应手，刷头的设计要技巧。

❶ **唇刷：**可以更均匀地
将唇彩延展至唇部，
而且也可以使用多色
口红来做调色。

❷ **遮瑕膏：**可以用来修
饰唇形，也可以用粉
底液或盖斑膏代替。

2.如果不太确定自己适合的颜色，可
以从自然淡雅的粉棕色等，与肤色融
合度好的颜色开始，再逐步尝试使用
其他的颜色，不要一开始就使用红色
系或个性的褐色系。

偏粉色

偏棕色

基础造型之

## 唇妆秘诀

### 14

打造滋润细腻的唇部

# 唇部打底和遮瑕
# 淡化唇部干纹和唇色

要想打造出滋润丰盈的裸色唇妆，唇部打底工作必不可少，
唇部打底主要包括隐藏干纹的滋润工作和淡化唇色的遮瑕工作，
滋润打底会使唇部肌肤更加平滑，唇色淡化有利于提高后续唇彩的显色。

## ■ 唇部的基础滋润

## 用润唇膏滋润打底
## 抚平干燥唇纹，打造出平滑的唇肌

◎唇部水分不足和角质堆积是造成唇纹、唇色暗哑和脱妆的主要原因。
◎妆前使用润唇产品为唇部肌肤补水，抚平干纹才能使后续唇膏更好着色，唇色自然会丰盈很多。
◎润唇膏的油脂浮在唇部表面，后续的唇彩就容易着色不牢而脱妆，用面巾纸轻按嘴唇，吸除润唇膏的油脂，可以防止唇部脱妆。

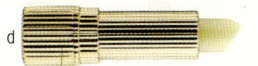

a
b
c
d

a.唇部遮瑕霜。b.丰唇油（遮盖唇纹及深色唇）。
c.无添加护唇精华液。
d.完美防晒护唇膏。

**充分滋润双唇**

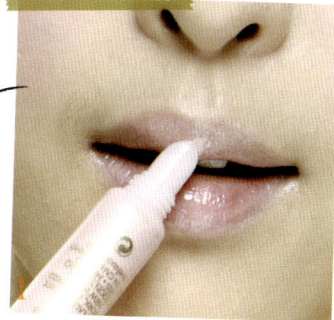

### 滋润
### 涂抹润唇膏滋润双唇
**1.**涂抹润唇膏充分滋润唇部，维生素E会抚平干纹，使唇部肌肤更平滑。

**用指腹按摩**

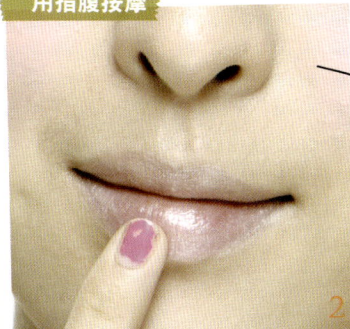

2

### 轻点
### 手指轻点促进吸收
**2.**用手指轻轻按摩双唇，使唇膏充分覆盖双唇，同时促进滋润成分的充分吸收。

3

**吸拭表面油分**

### 轻拭
### 用纸巾拭去油脂
**3.**用纸巾请按唇部，去除润唇膏表面的多余油脂，获得清爽的同时，可以避免唇妆脱落。

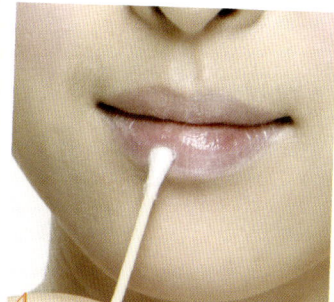

4

**仔细填补唇纹**

### 填补
### 填补凹陷唇纹
**4.**唇纹会造成唇膏和唇蜜着色不匀，用棉棒蘸取润唇膏填补在唇纹里，要顺着唇纹的方向涂抹。

**基础技巧**

❶    ❷

1.唇色暗淡的话，涂上足量润唇膏，待2～3分钟干皮被软化，用指腹画圈按摩，再用化妆棉擦去死皮。

2.用毛巾热敷唇部几分钟软化角质后，用天然磨砂膏按摩，然后敷3分钟唇膜，护理后涂抹防晒唇膏，可以提升唇妆效果。

### ■ 打造融合度高的裸色唇

# 唇部遮瑕淡化唇色，修饰出完美唇形并提升唇彩的显色度

◎唇部遮瑕的主要作用是淡化原本唇色、隐藏干燥细纹和修饰唇部轮廓。

◎遮瑕时，建议使用唇部专用的遮瑕膏，因为脸部遮瑕膏比唇部遮瑕膏含粉量高，往往质地较干，如果用在唇部容易凸显唇纹，并容易脱落。

◎纹理明显的嘴唇，涂抹遮瑕膏时应保持微笑，使唇纹充分展开，着色会更加饱满。

◎唇部遮瑕膏会使干纹更加凸显，应先涂抹滋润唇膏抚平细纹，并用纸巾轻轻吸附掉表面油脂。

◎避免将遮瑕膏涂到唇线处，唇线被遮盖会降低唇部的立体感，用棉棒轻轻调整唇部边缘线条。

**1**

**遮瑕底膏 淡化偏暗唇色**

**遮盖**
用遮瑕底膏遮盖原本唇色

1.将遮瑕底膏薄薄涂在整个唇部，遮盖住原本的唇色，可以大大增加后续唇膏的显色度。

**棉棒 提升唇部的整洁度**

**修饰**
用棉棒修饰细小部位

2.用棉棒将溢出的唇膏或者不平滑的唇线仔细擦去，调整嘴唇边缘的线条，使唇线看起来更加整洁。

**遮瑕膏 打造理想唇形**

**修饰**
用遮瑕膏修饰轮廓线

3.描出轮廓线外的线条或者颜色，可以用遮瑕刷蘸取遮瑕膏仔细进行遮盖，用粉扑轻拍上散粉，避免脱妆。

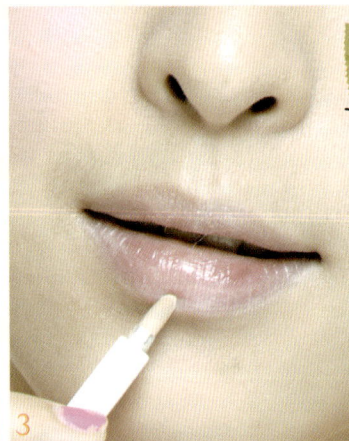

**2 3**

**基础技巧**

■ 想要塑出上翘的嘴角，可以利用遮瑕膏来完成。沿着下唇轮廓的延长线，呈线状涂上遮瑕膏，并用指腹涂匀，遮盖住原先的嘴角轮廓，然后将靠近嘴角上方2～3毫米处作为基点，用唇线笔点上点标记一下，再开始描画上下唇线。

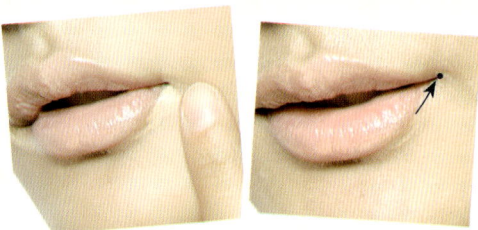

基础造型之
**唇妆秘诀**
**15**

简单调整唇缘轮廓
# 用唇线笔顺畅勾勒
# 精致圆润的唇形

用唇线笔可以更清晰地修饰唇部轮廓，调整唇形，
唇峰位置的弧度过尖会更显距离感，圆润的线条更富有女性气息，
通过圆点标记出唇峰、唇谷和下唇中央等几个关键位置，连接出流畅曲线。

## ■ 基本描画方法

### 运用"标点连线"的方法
### 描画出凹凸有致的顺畅唇线

◎唇线笔应选择与唇色接近的颜色，而不是选择与唇膏颜色相近
的。避免唇膏褪色后，唇线与唇色区别过明显。
◎用唇线笔在唇峰、唇谷和下唇中央的位置画点做标记，然后从
唇谷→唇峰→唇角→下唇中点，描画出流畅的唇线。

**标点并
连接成自然唇线**

**利用反光
塑造出立体唇峰**

**强调**

用浅色唇线笔强调
出唇峰立体感

**3.** 用颜色较浅的唇线
笔，沿唇峰至唇谷的
轮廓线外援画线条，
形成"∨"形，塑造
出更加立体的唇峰轮
廓。

**描画**

确定位置并自然流畅地描画上唇线

**1.** 从唇峰处开始，沿嘴唇边缘向嘴角勾
画出上唇轮廓。描画上唇线之前，用唇
线笔确定唇峰与唇谷的位置，并连接唇
峰与唇谷。

**勾勒出
精致感的下唇线**

**描画**

描画下唇线并连接
嘴角

**2.** 从距离嘴角约2毫
米处开始，分别从两
侧向下唇中点描画下
唇边缘，然后微微张
开嘴，将嘴角的上、
下唇线连接在一起。

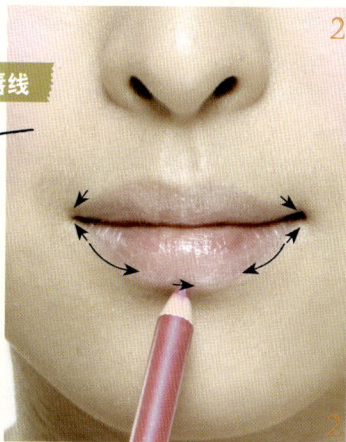

**基础技巧**

**1.** 唇线笔的用途不仅局限
于描画出柔和的唇部线
条，笔芯质地较软的还可
以涂满嘴唇为唇部打底，
选择和唇膏同色的唇线
笔，其中自然粉色适合打
造日常妆时使用。

**2.** 上唇或下唇偏薄的话，
用自然色唇线笔勾勒，贴
着唇缘外侧勾画；上、下
唇偏厚时，先用遮瑕膏修
饰轮廓，再用较深的唇线
笔沿唇缘内侧描。

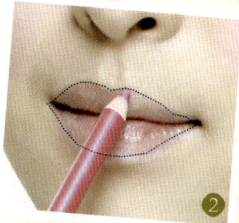

## 基础造型之 唇妆秘诀 16

### 利用唇膏修饰双唇
# 用唇膏均匀填色 打造色泽饱满的双唇

唇膏的色彩饱和度较高，颜色遮盖力较强，
固体的质地使其不容易外溢，经常用来修饰唇形、唇色，
借助唇刷涂抹唇膏可以更加精准地加入色彩，使色调更加细腻饱和。

■ 唇刷涂抹更加精准
## 利用唇刷填埋式地 涂抹唇膏，打造均匀而饱满的唇色

◎与直接使用唇膏相比，用唇刷可以更流畅地强调出色彩，按画唇线的笔触描轮廓线，细节调整也更顺手。

◎从嘴角开始涂抹上下唇是基本手法，可以避免唇膏堆积在嘴角。

◎用唇彩或珠光唇线笔描画唇峰，可以超出原本的边缘描出一些，但和画唇线一样，线条要圆润，过尖会产生距离感。

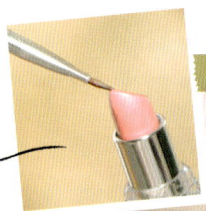

用唇刷涂抹

**轮廓**
从嘴角边描轮廓边晕染唇色
**1.** 用唇刷蘸取唇膏，从嘴角开始涂下唇，边描画轮廓，边将颜色填满唇部内侧，嘴角至唇峰的线条要饱满。

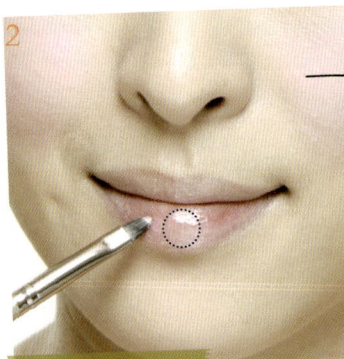
唇中充分提亮

**唇中**
重复涂抹唇中加强立体感
**2.** 用唇刷由嘴角向内再一次涂抹唇膏，容易脱色的唇部中央要重复涂抹，同时可以增加唇部立体感。

**上唇**
唇彩从嘴角向内涂抹上唇
**3.** 用唇刷蘸取唇彩沿唇部轮廓从嘴角向内涂抹，避免唇膏堆积在嘴角导致脱妆。

向内涂上唇

a.肉粉色丰唇蜜。b.裸色唇膏。c.亮丽持久唇膏。d.唇刷。

■ 基础技巧

1.在涂抹唇膏之前，用化妆海绵蘸取散粉轻轻拍按整个唇部，适度调整唇色，使后续唇膏的显色度更好。

2.涂唇彩时也用唇刷，将唇彩涂在手背上，然后用唇刷蘸取后涂抹，可以更好的在轮廓处营造光泽质感。

重点涂唇峰

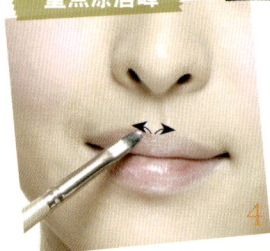

**唇峰**
强调唇峰立体感
**4.** 用唇刷蘸取唇蜜在上唇的唇峰处重点涂抹，唇蜜的润泽晶莹质地可以提升唇部的立体质感。

## ■ 运用技巧防止脱妆
# 以"横纵交错"的方式刷涂，
# 反复吸拭，打造均匀持久的唇妆

◎唇膏为埋入纹理中，会导致唇色不均匀，膏体容易脱落，特别是纹理明显的嘴唇，借助微笑式的上妆法，使纹理充分展开，更加便于上色。

◎通过横向和纵向使用唇刷交替涂唇彩，可以让唇彩充分覆盖唇部肌肤，嘴唇表面显得更加平滑。

◎油脂容易造成唇妆脱落，涂抹唇膏后，用纸巾轻轻按压嘴唇，拭去唇部表面的多余油分，从而加固唇妆。

◎唇峰处是重点刷涂的部位，用透明的唇蜜在此重复进行刷涂，可以增加唇部的立体感。

◎为使着色更均匀，在横向刷涂整个唇部后，再用唇刷沿唇纹的生长方向纵向填埋刷涂。

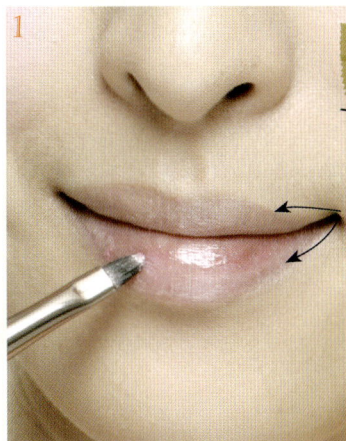

**舒展**
**唇纹填涂唇膏**

**横向**
从嘴角向内刷涂唇膏

1.用唇刷沿唇部轮廓将唇膏涂抹在整个唇部，要从嘴角向内涂抹，避免唇膏堆积在嘴角导致脱妆。

**去除**
**导致脱妆的油脂**

**吸拭**
纸巾反复按压吸取油脂

2.多余油脂会导致脱妆，用面巾纸轻轻按压双唇2～3次，拭去唇膏的油分，使唇部肌肤更清爽，唇色就可以更持久。

**将唇膏**
**填入纹理中**

**纵向**
纵向埋入式涂抹上唇膏

3.最后一次涂抹整个唇部时，将唇刷竖起来，顺着唇纹纵向涂抹，使颜色充分地埋入纹理中，着色更均匀。

**基础技巧**

■ 对于黯沉的嘴角，想打造深色唇妆，要先用遮瑕膏提亮，否则即使使用鲜艳的颜色，也会显脏。用比肤色浅一些的遮瑕笔呈圆弧形涂嘴角周围，用指腹由外向内将遮瑕液涂匀，再涂唇膏就不会显得嘴角的唇色黯沉。

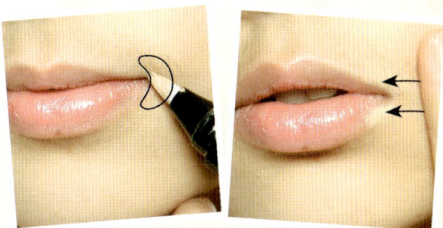

基础造型之

**唇妆秘诀**

**17**

打造丰润嘟嘟唇妆

# 搭配使用唇彩和唇蜜
## 打造丰盈感透明双唇

双唇如果没有光泽就会显得缺少丰盈感，
巧妙搭配丰唇底膏、唇彩和唇蜜，在唇部轮廓
和上下唇加入色彩和高光，使双唇呈现出立体丰润的质感。

搭配使用提升水润感

## 唇彩补色与唇蜜提亮
## 混搭使用，使双唇更加水润饱满

◎唇妆前涂抹丰唇油，可以唇部肌肤充盈水分，填充干燥细纹，同时具有高光效果，使唇部看上去饱满水润。
◎想要提升红润效果，可以用显色度较好的桃粉色等鲜亮一些的颜色，加上透明色的晕染，呈现立体感。
◎较薄的嘴唇可以大范围地涂抹唇彩，提升丰盈感；偏厚唇形要控制唇彩的用量，只涂抹内侧即可。

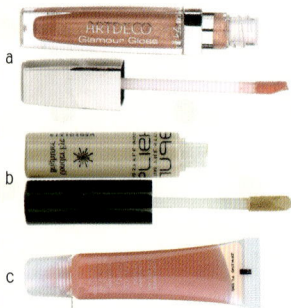

a

b

c

a.闪耀光泽唇蜜。b.唇部遮瑕霜。c.肉粉色果亮唇蜜。

**涂抹**
米粉色提升唇部自然红润
**1.** 在整个唇部涂抹自然米粉色唇彩，由外向内涂抹避免唇角堆积，上下唇的中部应重复涂抹，营造出立体感。

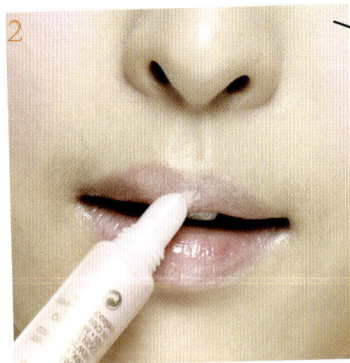

**涂抹**
上、下唇中央涂抹粉色唇蜜
**2.** 用粉色唇蜜涂抹上下唇中央，用刷头的平面将颜色打底，营造出红润的唇色。

**推开**
用透明唇蜜将颜色推开
**3.** 用唇刷蘸取透明唇蜜，便涂抹唇部便将刚刚涂抹的粉色唇蜜向唇部边缘轻轻推开。

基础技巧

1.用唇蜜打造润泽唇妆，先从下唇用刷头的侧面涂抹内侧，再竖起刷头用尖端勾勒唇部的轮廓，涂抹的时候咧嘴，使唇蜜更好地覆盖唇部。

2.在最后用滋润的液体遮瑕笔，修饰一下嘴角下方的轮廓处，更加凸显唇形的饱满感。

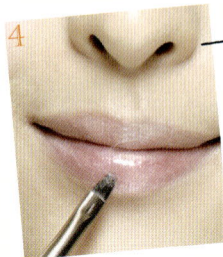

**融合**
再次刷涂唇部融合唇色
**4.** 用唇刷从唇部边缘向中部轻轻进行涂刷，使两种颜色自然融合，唇色更均匀。

基础造型之
**唇妆秘诀**
**18**

不完美唇部的上妆重点
# 改善唇部问题
## 修饰出自然平衡的双唇

不是每个人都拥有完美的双唇，
由于双唇存在的问题不同，上妆修饰的方法也不尽相同，
通过使用适宜的唇妆产品修饰唇色及细节部位的轮廓，轻松打造出完美唇妆。

■ 隐藏干燥唇纹
## 纵向埋入式刷涂填色
## 修饰唇纹，打造均匀细腻的唇色

◎上妆前用润唇膏滋润唇部，消除明显的唇纹，待润唇膏吸收后，务必用纸巾轻压唇部去除多余油脂，以免造成容易脱妆的问题。

◎竖着使用唇刷，顺着唇纹的生长方向，将唇膏填补在唇纹里，使整体颜色看上去均匀饱满。

◎上色时嘴部保持微笑状，使唇纹充分展开，便于填色。

**打底**
涂抹润唇膏滋润打底

**1.**涂唇膏前，先用润唇膏滋润双唇，含维生素E的润唇膏有助恢复肌肤弹性和消除唇纹。

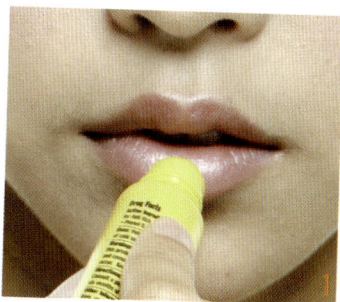

**涂抹**
纵向涂抹消除唇纹

**2.**用唇刷顺着唇纹的方向纵向涂抹唇膏，使颜色充分埋入唇部纹理中，着色更加均匀。

■ 打造上翘的嘴角
## 用遮瑕膏改变轮廓
## 提升唇角角度，打造微笑式唇妆

◎打造微笑唇妆，不用改变整体唇部轮廓，只需要使用遮瑕膏修饰嘴角轮廓，通过局部修饰来提起线条。

◎也可以利用与肤色融合度好的肉色唇线笔，分别描画嘴角的上下唇线，自然修饰出上扬的嘴角。

**修饰**
用遮瑕膏修饰唇角轮廓

**1.**保持微笑表情，用遮瑕膏沿嘴角上提的边缘，斜向上描画粗一些的线条。

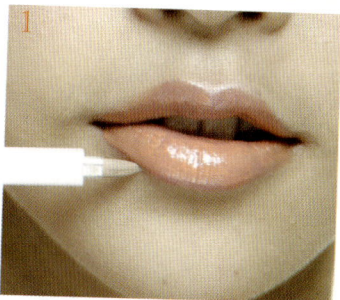

**涂抹**
涂抹唇彩上提唇角

**2.**用小号唇刷蘸取唇彩，从下唇的中央沿着修饰后的唇角轮廓进行刷涂，上提唇角的角度。

119

## ■ 修饰上唇轮廓

# 用"延出式"的画法描画唇线
# 修饰薄唇，打造比例适中的唇形

◎调整唇形时，由于要描画唇部外侧的边缘来扩大轮廓，用接近肤色的唇线笔勾画，效果更自然。

◎用唇线笔调整上下唇的厚度时，要遵循1：1.2的上下唇基本比例，上唇不可过厚。

◎在上下唇中部涂抹光泽感唇彩可以增加丰润感。

**描画**
用唇线笔修正偏薄的上唇

**1.** 用唇线笔描画唇峰到唇角的唇线，描画时应适当超出原本唇线的边缘进行描画，从视觉上加厚上唇。

**涂抹**
重点涂抹上唇中央

**2.** 用唇刷沿着修饰后的唇部边缘涂抹唇彩，并重点涂抹唇部中央，可以使唇部看起来更加丰满。

## ■ 修饰偏厚唇形

# 淡化唇色后内移唇线
# 重塑唇形，修饰唇色偏深的厚唇

◎选择液态遮瑕笔沿唇线外缘描画线条以模糊边界，再沿内缘描画裸色唇线，效果更自然。

◎涂抹两遍唇膏使颜色更加饱满，涂抹第二遍唇部前，可以在唇部轻扑少许蜜粉，可以起到固色的作用。

◎修饰唇色后，不要涂抹唇蜜，易导致遮瑕膏脱妆。

**遮瑕**
用遮瑕笔遮盖原本的轮廓

**1.** 用遮瑕笔沿原本唇部外缘稍向内描画唇线，遮盖掉原本的唇部轮廓，便于后面用唇线笔重塑唇形。

**描画**
沿唇部内缘描画唇线

**3.** 用裸色唇线笔沿原本的唇部边缘的内缘描画唇线，使轮廓内移从而修饰过厚的双唇，并用唇刷沿唇边内侧涂抹唇膏。

**遮瑕**
轻拍遮瑕膏淡化唇色

**2.** 用指腹蘸取刚刚遮盖唇线时使用的遮瑕膏，由唇部内侧向唇边轻轻拍匀遮瑕膏，调整唇形与偏深的唇色。

**固色**
轻扫蜜粉固色

**4.** 用粉刷在唇部轻扫少量的蜜粉固色，然后沿唇边内侧再重复涂抹一遍唇膏，使颜色更饱满。

基础造型之
**唇妆秘诀**
**19**

使画唇妆更简单
# 解决常见唇妆问题
# 使双唇更加丰满水润

比例平衡、饱满水润的双唇是呈现完美唇妆的基本因素，
针对打造唇妆的过程中遇到的一些关于唇形、唇色的问题进行解答，
在掌握了基础技巧后，加入一些技巧成功打造持久红润的饱满唇妆。

## 常见问题1

### 涂唇膏后唇纹变得更明显，唇色也看起来显暗，怎么办？

◎妆前充分滋润双唇，并用唇刷涂唇膏，减淡唇纹。

1.有颜色的唇膏一般都偏干，直接涂很容易造成唇纹，并加深唇色，最好使用唇刷上妆，补妆时要先将残余的唇膏擦去，否则重新涂上唇膏，唇纹就容易更明显。

2.在涂有色唇膏前，应先用含维生素E及防晒成分的润唇膏进行护理，配合唇部按摩促进吸收。

## 常见问题2

### 嘴唇容易干燥，涂唇膏会使嘴唇更加干燥吗？

◎当然不会，但要避免使用粉质以及持久型的唇膏。

在上妆之前，要先在唇部涂一层润唇膏，并用指腹充分按摩促进营养成分的渗透，用纸巾轻拭多余油分后，再涂抹唇膏，可以有效减少唇纹与干燥。睡前用眼霜或唇膜来滋润双唇也是一个有效的方法。此外，唇彩或唇蜜具有柔润的功效，或选择添加骨胶原、维生素等成分的唇部化妆品。

## 常见问题3

### 唇形偏薄，想用唇线扩大轮廓，但总感觉线条不自然，唇形不协调，怎么办？

◎根据唇形的薄厚程度调整轮廓线的勾勒方法。

1.薄唇的唇线略大于原本的唇部轮廓线勾勒，在自身唇峰微微偏上的位置设定新的轮廓线，再向两侧描画，突出唇峰的饱满感。

2.下唇线沿着自身唇线外轮廓1～2毫米勾勒，自然扩张。厚唇可以先用遮瑕膏遮挡自身唇线，再向内收缩描画唇线。

## 常见问题4

### 如何解决涂抹唇膏后出现不均匀的色痕及易脱妆？

◎涂唇膏前修饰唇色，使后续唇膏充分展现出自然色泽。

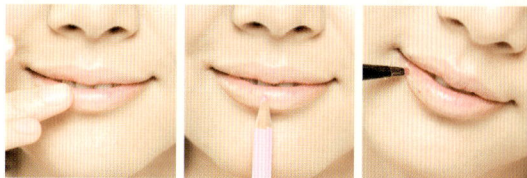

打造裸妆时会使用浅粉色等偏裸色的唇膏或唇蜜，但浅色系容易与自身唇色不融合，出现涂抹不匀或脱色问题，上妆前用润唇膏充分滋润唇部，使唇部肌肤更平滑，这样，可以避免唇膏堆积在唇纹中形成不均匀的色痕，然后用丰唇底霜修饰唇色，再涂上浅色唇膏，就能提升显色度，营造出丰润的嘟嘟唇。

## 自然、持久的唇妆
# 粉色唇膏与唇彩
## 打造圆润饱满的双唇

圆润和健康自然的红色是完美双唇的典型特点，
通过用遮瑕膏遮盖原本唇色和用唇线笔重塑唇部轮廓，
轻松打造出更鲜明的唇色和更丰润的唇形，实现富有女性气息的双唇。

■ **基础画法**
## 用粉底遮盖原本唇色
## 使粉色唇膏达到更完美的显色效果

◎想要打造色彩更鲜明的唇妆，应该先在双唇轻拍上遮瑕膏以遮盖住原有的唇色，衬托出清晰唇形。

◎圆润的唇形更富有女性气息，唇峰位置的弧度过尖会显得有距离感，所以只描画出双唇四边的线条，空出唇峰处。

◎用遮瑕膏修饰唇色后，不要直接涂抹唇蜜，否则易导致遮瑕膏脱妆。

a.眼唇部遮瑕膏。b.裸色唇膏。c.水润遮瑕霜。d.双色唇线笔。e.平头唇刷。

**遮盖 原本唇部轮廓**

### 遮盖
用粉底遮盖原本唇色
**1.**用指腹蘸取粉底或遮瑕霜，轻轻拍按嘴唇，遮盖住原有唇部轮廓，便于调整唇部的薄厚。

**粉饼提升遮瑕力**

### 重复遮盖
用粉饼再次遮盖
**2.**用粉饼蘸取少量粉状粉底轻轻铺满整个嘴唇，使原有的唇色得以充分遮盖。

**打造自然感轮廓**

### 勾勒
淡粉色唇线笔勾勒唇线
**3.**用粉色唇线笔只勾勒出唇部的四边，将唇部中央轮廓线留出来。

**打造饱满唇色**

### 涂抹
在上唇涂抹唇膏
**4.**用唇膏涂抹在上嘴唇，抿一下，使唇膏自然过渡到下嘴唇，可以使上唇的下缘轮廓更自然。

■ **基础技巧**

沿出嘴角2毫米

■ 想要修正偏薄的上唇时，可以用唇线笔描画唇峰至嘴角的上唇轮廓，嘴角线条向外侧延长描出2毫米，下唇线与延长后的上唇线衔接。

## 细节画法
# 注重细节的处理手法
# 增加唇妆的持久度与立体感

◎涂抹唇膏后用面巾纸轻轻按压双唇2~3次，拭去唇膏的油分，使唇部肌肤更清爽，唇色就可以更持久亮丽。

◎从嘴角开始向中间涂抹上下唇，是涂抹唇膏时的基本手法，可以避免唇膏堆积在嘴角。

◎涂唇彩时，横向咧嘴，使唇部的竖纹展开，可以让唇彩充分覆盖唇部肌肤，嘴唇表面显得更加平滑。

◎在整个上眼睑涂抹米色眼影为眼妆打底，然后选取粉色眼影涂抹在上眼睑双眼皮处，幅度可较宽一些。

◎蘸取珊瑚色腮红，从鼻翼到颧骨呈圆形进行刷涂。然后从颧骨向太阳穴的方向晕染开，为脸颊打造自然红晕。

### 提升
### 唇妆的持久力

### 吸取油脂
#### 纸巾吸取多余油脂

2. 将纸巾抿于两唇之间，吸取唇膏上的多余油脂，这样也有利于保护唇色不宜过早脱落，使唇部获得清爽感。

### 细致
### 涂抹上、下唇

### 补充
#### 涂抹下唇并补涂上唇

1. 在下唇涂抹肉粉色唇膏，沿唇线边缘逐渐向内涂满，注意不要涂到唇形的外部，上唇也要进行适当的补涂。

### 打造双唇
### 立体丰盈感

### 唇彩
#### 下唇中央涂抹唇彩

3. 用同色系唇彩从中部开始向嘴角涂，边缘要涂薄一些，避免脱妆，中部重复涂抹强调饱满感。

### 基础技巧

1. 如果不喜欢太过光泽的唇部，可以用腮红粉在唇部轻轻扫上一层，遮盖住油脂即可，降低光泽。

2. 溢出的唇膏或描画不平滑的唇线，要用棉棒仔细擦去，调整唇部边缘的线条，嘴角是容易脱妆的部位，要仔细修整。

基础造型之
## 唇妆秘诀
### 21

## 轻盈、滋润的裸唇
# 与肤色融合的米粉色
# 呈现自然感唇妆

自然上翘的唇角和完美的唇峰弧度是唇妆的关键所在，
在上下嘴角涂抹遮瑕膏修饰出上扬轮廓，并描画出嘴角微翘的唇线，
配合轻盈纯净的裸色系唇膏和唇彩，即可打造出好感度倍增的微笑双唇。

### 基础画法
## 遮瑕膏、散粉与裸色唇膏的
## 搭配，打造上扬嘴角并遮盖唇色

◎打造微笑唇妆，不用改变整体唇部轮廓，只需要通过遮瑕与唇线修饰嘴角上下侧，局部修饰来提起线条。

◎裸色唇妆追求重唇膏的色彩与唇部色彩的合二为一和相互交融，用遮瑕膏、散粉和裸色唇膏遮盖原本的唇色是必备的步骤。

◎用与肤色融合度好的米色唇线笔，分别描画嘴角的上下唇线，自然修饰出上扬的嘴角。

a
b
c
d

a.肉粉色唇彩。b.肉粉色水润唇膏。c.裸色唇膏。d.唇部遮瑕膏。

**调整嘴角轮廓**

### 描画
裸瑕膏塑造上扬唇角

**1.**用尖头遮瑕笔沿嘴角轮廓描画，想要增加嘴角的上扬角度，可以稍微遮盖住原本的嘴角轮廓进行描画。

1

2

### 遮盖
刷涂散粉遮盖原本唇色

**2.**用粉刷在整个嘴唇刷涂散粉，降低原本唇色，扫上薄薄一层即可，刷涂过多会造成积粉的现象。

**裸色唇膏提升遮盖力**

**遮盖原本唇色**

### 重复遮盖
裸色唇膏再次遮盖唇色

**3.**用裸色唇膏涂抹整个嘴唇，最大程度地遮盖了原本唇色，增加后续的唇膏的显色度。

3

### 基础技巧

■ 在日常妆中，不管是涂抹深色唇膏或者是浅色唇膏，都建议使用浅色唇线笔描画唇线。因为唇膏较唇线更容易脱色，如果使用深色唇线笔，一旦唇膏脱色后就会露出较深的唇线轮廓。而浅色唇线就避免了这样的问题。

**勾勒自然线条**

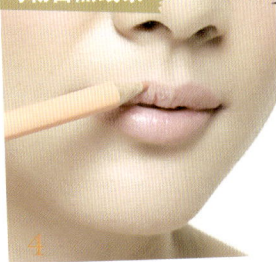

### 勾勒
米色唇线笔勾画
唇部轮廓

**4.**用米色唇线笔沿唇部轮廓勾画，唇峰处要勾画出清晰且自然的线条，下唇线条要描画得柔和流畅。

4

## 细节画法

# 用裸色唇彩和唇蜜，营造淡淡光泽，提升双唇饱满度

◎裸色双唇与肤色融合度较好，但如果缺少光泽感就会显得肤色不明亮，用唇彩与唇蜜提升亮泽感比较重要。

◎由于唇蜜所含的油脂容易导致脱妆，所以用量要少一些，可以只在局部涂抹。

◎在打造唇妆的最后，用棉棒调整修饰的动作必不可少，使用时注意应从外向内滚动棉棒，避免将唇妆涂抹到轮廓线外。

◎用浅棕色的染眉膏刷涂眉毛，不要顺着眉毛的走向刷涂，会把眉毛刷得偏平，要逆着眉毛的方向进行刷涂。

◎桃红色腮红可以起到很好的减龄效果，用大号腮红刷蘸取桃红色腮红从笑肌的最高点开始，斜向上刷涂。

### 透明唇蜜增加丰盈感

#### 中央
**透明唇彩涂抹唇部中央**

**2.**用含珠光微粒的透明唇彩重点涂抹在上、下唇部的中央部分，使双唇看起来更立体，并呈现丰满感。

### 轻薄刷涂裸色唇彩

#### 整体
**涂抹裸杏色唇彩**

**1.**在整个唇部涂抹米色唇彩，从嘴角向嘴唇中部涂抹可以涂抹的更加均匀，防止唇彩堆积在嘴角。

### 棉棒轻拭调整细节

#### 修整
**用尖头棉棒修整唇部妆容**

**3.**用尖头棉棒将涂抹出唇部轮廓外的唇膏和唇彩轻轻擦拭掉，修正出干净利落的唇部轮廓。

### 基础技巧

■选择了喜欢的唇膏颜色，使用时与腮红的搭配也很重要，选择与唇色同色系的腮红，使整个妆容协调搭配，无论哪种颜色看起来都会与妆色融合，令人赏心悦目。

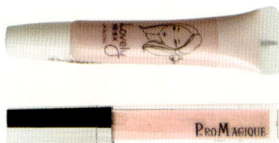

1 米粉色的唇膏与米粉色腮红与肤色自然融合，带给人优雅与沉稳感。

2 用红色衬托出饱满唇型，与淡淡的珊瑚色腮红搭配，透出几分性感。

基础造型之
**唇妆秘诀**
**22**

低调、成熟的双唇
# 哑光感裸色唇膏
## 塑造**低调丰唇**

具有一定膨胀感的裸色，较适合偏薄的唇形，
可以从视觉上加厚双唇，自然呈现丰盈的立体唇形，
用唇部遮瑕膏遮盖原本唇色是打造裸色唇妆的关键所在。

■ **基础画法**
# 底膏、唇膏、唇蜜与唇彩
## 的搭配，打造出饱满的深裸色唇妆

◎裸色唇妆最容易脱色，在用润唇膏护理唇部后，要用面巾纸将油分吸拭干净，才能更好显色并避免脱色。
◎与直接用唇膏或唇彩相比，用唇刷可以更流畅地强调，然后按画唇线的笔触描轮廓线，细节调整也更顺手。
◎用唇刷将裸色唇膏涂在上、下唇，顺着唇部的纹理竖着刷，使唇膏着色更均匀。

**滋润**
用润唇膏充分滋润双唇
**1.** 嘴唇是最容易起皮的部位，用滋润型的润唇膏或者唇蜜先进行护理，可以让后续的唇膏更易于上色。

**抚平唇部干燥**

1

**轻薄涂抹遮瑕膏**

**遮盖**
用遮瑕膏遮盖原本的唇色
**2.** 蘸取少量遮瑕膏，盖去过于泛红的唇色，记住遮瑕膏也要选择滋润型的，否则会让双唇起皮有裂痕。

2

3

a
b
c

plumb LIP

d
inmitey
PURE WOLF FUR
05 M

a.肉色唇膏。b.晶透唇膏。c.唇部遮瑕霜。d.唇刷。

**打底**
用浅一号的裸色唇膏来打底
**3.** 如果是单纯的裸色会给人不健康的印象，先用浅裸色来为整个双唇打一层底。

**深裸色提升饱满度**

**浅裸色提升遮瑕力**

■ **基础技巧**

■ 为了更加突出唇部的轮廓，蘸取少许米白色眼影粉，紧贴唇峰外缘描线，再涂抹下唇中央外缘部位，利用光的折射作用，塑造出立体的唇形。

**勾勒**
用深一号的裸色再勾勒一遍
**4.** 再叠加一层深裸色，晾着综合一下的话会让唇色既有裸妆感，又不失健康的润泽感。

4

■ 简单变换提升个性魅力

# 焕然一新且易打理的
# 基础发型

◎每个人的发质、发量、脸型和气质各有不同，选择可以扬长避短的发型是关键。

◎造型细节上出现问题会直接影响整体效果，掌握分区、烫卷和打毛等基本技巧是打造理想发型的前提。

◎利用拧卷、编辫、盘卷、固定和搭配发饰等造型技巧，快速提升发型的独特感。

基础造型之

# 发型秘诀

## 01

## 掌握区域名称
# 发区分布
# 的基本技法

分发的时候首先要掌握头部基本发区的位置，首先应认真掌握发区的分布特点及分发的基础技法，如果细节出现问题，就会直接影响完成效果，结合希望获得的造型要求加以变化，效果会更加理想。

■ 发区的基本名称、分布

## 掌握头部各个区域的基本分布
## 灵活运用，使造型更顺手

◎掌握头部各个发区的分布，可以在造型时，将不同区域的头发简单进行分配，便于操作。
◎根据头发的分布特点，自由应对不同的发型需要，结合脸型，打造出适合自己特点的理想造型效果。

### ■ 顶发区
造型重点处
◎头顶发旋儿周边部位的头发，即头部的最高区域，与其他发区相结合的造型重点区。

### ■ 侧发线
调节发量
◎太阳穴上方沿脸部侧面轮廓最凸出的部位，是调整造型圆润度与发量的重要所在。

### ■ 后发区
强调立体效果
◎从头顶下方开始至耳部最高点处的后侧头发；除发际外的全部区域。调整头部后侧的弧度，提升立体感。

### ■ 脸周发区
塑造自然感
◎修饰脸部轮廓，提升造型自然感，沿脸部轮廓的发际部分；盘发时保留刘海儿与鬓角处的脸周发束更自然。

### ■ 前发区
强调轮廓
◎从太阳穴向上至头部最高点的部分，强调脸部轮廓，改变造型印象。

### ■ 侧发区
调整脸型
◎头部侧面部分；从太阳穴下方至耳部下方，与下颌交点延长线以上的部分，可以遮盖前额部分来调整脸型。

### ■ 发际区
修饰颈部
◎从耳垂下方开始位于头部后侧的区域，修饰颈部线条。

## 造型用语

| 分缝 | ◎用梳子沿发根分缝，用手压住一侧头发使发线更明显，便于分直。用手随意抓开或分出锯齿形，不分明显直缝，改变原有发线，可以调节造型效果。 |
| 倒梳 | ◎用发梳从内侧向发梢向发根逆向梳理可以增加发量，易于造型，是打造蓬发、碎尾等特殊效果的基本手法。打理发梢处时用手轻捏发束逆向捋发即可打理出蓬松感。 |
| 手指吹风 | ◎卷发后不用发梳调整，而用手指拉散头发，整理出蓬松的空气感造型。 |
| 留出垂发 | ◎不将头发完全梳理起来，而是留出脸周的几缕垂落发束，强调自然感。 |
| 斜刘海 | ◎将前发区的头发按7：3的比例斜向梳至左侧或右侧，可以修饰脸型。 |
| 做出发束 | ◎做完造型后，用手指取少量发蜡轻捻发梢，使发梢更有垂坠感。 |

### 基础的分发

# 将头发分两个发区

◎分两个发区是较基础的分发方法，也作为多个分发的开始环节。
◎以耳周围分界线，通过改变分发方向，为不同造型做准备。

**造型技巧**

**上下**
**耳上、耳下分区**
2.以两耳最高点与后发区连线为分界线，将头发分成前、后两个发区。

**前后**
**耳前、耳后分区**
1.以两耳最高点与头顶连线为分界线，将头发分成前、后两个发区。

**顶部**
**顶发分区**
3.以位于头顶的发旋为基点，向周围延伸3厘米的圆形范围即是顶部分发部分。

### 富有变化的分发

# 将头发分多个发区

◎多个发区更便于打理出层次更丰富的盘发等。
◎多个发区的分发，每部分发量的掌控也要结合造型需要。

**造型技巧**

**分四区**
**较复杂的盘发**
2.先分出上、下两个发区，再分出左、右两个发区，形成四个发区。

**分三区**
**特殊分发法**
1.结合造型需要的特殊分发方法，在分区基础上来调整发区的分布。

**分五区**
**高级盘发**
3.先分出上、下两个发区，再将后下侧头发分成四部分，成五个发区。

129

适合发长/中长发、长发

## 基础造型之
### 发型秘诀
## 02

制造自然与随意感
# 卷发×定型
# 打造柔软质感

以内、外混合的方式烫卷制
造自然发卷，
用手指或梳子打散发卷，消
除死板感，
托起式喷雾定型的技巧使发
卷更有弹性。

**造型技巧**

**打理**
增加柔顺度
1. 用排骨梳将头发梳通顺，如果头发过于毛躁，用少量发乳增加柔顺度。

**分发**
分出上下发区
2. 以耳后到后枕部，分出上下两个发去区，暂时固定上侧发区。

**卷发**
向内电卷
3. 用大号电卷发棒分别将两个发区的头发内卷，卷耳下部分的头发即可。

**整理**
提升自然感
4. 用少量定型发胶涂发梢部分，并用手将发梢处的头发拉松散，使卷度更自然。

适度蓬松的柔顺卷发
# 发丝前端营造微卷弧度
# 打造慵懒感微卷发

○脸周的内卷发可以修饰轮廓，做出蓬松感更能显现小脸印象。
○内卷发束时的卷度要松一些，卷耳下部分即可，呈现A形轮廓。
○电卷发束后，用手将发卷适当地打散，营造出随意自然的空气感。

适合发长/中长发

■ 基础款的小变化

# 卷发与两侧编发
# 略加变化，更显生动

◎将脸周的发束用卷发棒卷曲出卷度，这样编出的三股辫会更有纹理感。

◎编发与卷发弥补了单调，增加了发型的活力。

造型技巧

## 内卷发
### 向内卷发束

1. 分出刘海部分的头发，用大号电卷发棒向内侧卷一下。

## 外卷发
### 向外分层卷

2. 用电卷发棒将发尾至发中的头发向内侧卷，再从发尾至发中向外侧电卷。

## 编发
### 编三股辫

3. 取两侧耳前发束分成三小股，向一侧编松一些的三股辫，在耳后用发夹固定。

■ 打造细腻的卷曲度

# 精致的内卷与外卷
# 混合搭配，打造立体感

适合发长/中长发、长发

◎脸周两侧的发束制造出纵向的内卷，可以有效地修饰脸部轮廓。

◎以内、外混合的方式制造出螺旋卷，延长烫卷时间以增加卷曲度。

造型技巧

## 烫卷
### 制造立体感

1. 取脸周内侧部分的头发，一束束用卷发棒向内卷，在脸周纵向打造立体发卷。

## 卷发
### 内外混合卷发

2. 涂抹抗热护发剂之后，用卷发棒内、外混合交替卷发，形成立体螺旋状发卷。

## 喷发胶
### 只在发梢部分

3. 在靠近发梢处用喷雾定型，保留其余发束柔软质感的同时避免发梢处松散开。

适合发长/中短发

## 从发根制造出蓬松感

# 中卷发与蓬松顶发
# 巧妙结合，提升清新感

◎内外卷相结合的卷发方式使造型更加立体，瞬间提升立体感脸部印象。

◎从发根部分进行的烫卷与顶发的分束倒梳固定增加造型蓬松感。

造型技巧

① **卷下侧**
分一束束内卷

1. 用卷发棒从下发区靠近耳部开始内卷，卷发时尽量靠近发根，以增加蓬松度。

③

**卷上侧**
分束混合卷发

2. 涂抹抗热护发剂后，用卷发棒将发束交替内外混合卷，使造型更加立体。

②

**固定**
制造蓬松感

3. 取额头中部的前发，倒梳后将发束向后上方拧卷一圈并用发卡固定于头顶。

---

## 打造复古雅致感

# 柔美的发尾内外
# 混合卷，增加自然感

◎从发尾到发中、以内、外卷混合的方式塑造出卷曲度柔和的发卷。

◎用专业的尖尾梳打毛头发并用手抓散，会使生硬的卷度变得自然。

适合发长/中长发、长发

造型技巧

①

**卷发**
内外交替烫卷

1. 用大号卷发棒将头发从发尾至发中卷出大卷，以内侧、外侧交替的方式。

③

**打毛发尾**
制造自然卷度

2. 用打毛梳将卷好的发尾打毛，并用手抓散，使原本生硬的卷度变得自然。

②

**发胶定型**
持久固定发型

3. 将头发表面梳理整齐，用定型喷雾喷洒在头发上，使发型更加持久。

适合发长/中长发、长发

基础造型之
**发型秘诀**
**03**

自然与精致结合

# 卷发✕编辫
# 的空气感造型

将头发制造出卷曲度使发辫
不容易松散开，
根据造型需要制造出或紧致
或松散的发辫。

■ 编发打破沉闷感觉

## 蓬松发稍与交叉编辫
## 简单结合，打造发箍造型

以卷发和辫子包围卷发，加强调脸颊两侧
的饱满发稍，可以修饰脸型。
●利用自身头发编三股辫在头顶交叉
做为发箍，短发可直接佩戴假发箍。
●喷发发胶时不要距离发卷太近，以
免出现不自然的僵硬感。

**造型技巧**

**卷发**
电卷发稍部分
1. 横向使用卷发
棒，将发尾分成
小束缠绕在电卷
发棒上，固定几
秒钟后松开。

**固定**
打造发箍造型
3. 将两根三股辫
交叉后，两端分
别用卡子固定在
耳后，做出了一
个发箍的造型。

**便辫**
两侧编发辫
2. 从两侧鬓角各
取一束头发，编
三股辫，用隐形
皮筋固定末端，
交叉拉过头顶。

**喷发胶**
提升持久度
4. 距离头发8厘米
左右的距离喷发
胶，保持一定距
离喷洒可让造型
持久不僵硬。

133

适合发长/中长发、长发

■ 塑造柔美女人味

# 双侧三股辫盘卷的低发髻，提升优雅感

◎编辫前涂抹发蜡可以消除发束的毛躁感，只涂抹头发表面即可。
◎将编好的三股辫用手拉扯出松散的效果，便于后续的束发造型。

**造型技巧**

**涂发蜡**
消除毛糙碎发

**1.** 将编发部分的头发用发蜡轻涂表面，消除显毛糙的碎发，便于造型更加顺滑。

**拧卷、固定**
呈团子状拧卷

**3.** 托起三股辫，向内拧卷成团子形状，至耳后的头发内侧，用发卡从下方固定。

**编发**
左右编三股辫

**2.** 从一侧开始编略松的三股辫，用发圈固定后左右拉扯发束，使发辫松散。

**调整**
左右对称协调

**4.** 造型时，左右两侧拧卷固定的团子要尽量保持对称，使整体感更加协调。

■ 提升全角度造型感

# 浪漫编发与小发髻的自然搭配，呈现淑女感

◎编前侧部分的发辫时要略保持其蓬松度，避免紧贴头皮的呆板感。
◎利用编四股辫的方法，将头发侧编至另一侧耳后，并拧卷出小发髻。

适合发长/中长发、长发

**造型技巧**

**分区**
顶发分出发束

**1.** 刘海儿侧分，从刘海儿根部开始，将顶发区斜向分出一部分发束，以便编发。

**编发**
编至对侧耳后

**3.** 不断将头发续入，编到另一侧的耳后，编后侧头发时，上侧要编得蓬松一些。

**编发**
开始编四股辫

**2.** 按照三股辫的方法开始编发，并沿脸周不断取新的发束，合并到三股辫中。

**拧卷、固定**
束起成侧发髻

**4.** 松松地拧卷发辫，用发夹固定住，形成一个松散的发髻，自然蓬松是要点。

适合发长/中长发

■ 基础款的小变化

## 简单的双侧编发
## 略加变化，更显清新

◎先将头发用卷发棒卷曲出卷度，这样编出的三股辫会更有纹理感。

◎特意打毛的发尾，弥补了单调，增加了发型的自然俏皮感。

**造型技巧**

**卷发、分区**
只需在修饰部

**①**
1.用大电卷发棒将发尾至发中向内侧卷出大卷。将头发在后侧中部分两个发区。

**③**

**编发**
编两个发辫

2.分别编两个松辫，留一小段发尾用皮筋固定，取一缕发束绕在皮筋上做遮盖。

**②**

**打散**
将辫尾打毛

3.将发辫略拉松一些，并用梳子将编辫子时留出的发尾打毛，打造自然感。

★

■ 浓浓的异域情调

## 中分发卷与双侧发束的
## 巧妙融合，提升风情感

◎自然蓬松的中分卷发，大大地提升了整体浪漫度。

◎咖啡色发绳巧妙地运用，增加了发型的民族感，提升了魅力指数。

适合发长/中长发、长发

**造型技巧**

**①**
**拧卷**
太阳穴处发束

1.抓取太阳穴两侧的少量头发在后方交织在一起并进行拧卷。

**③**

**固定**
头后交叉固定

2.用发卡将太阳穴两侧的两束拧卷后的头发固定在头后。

**②**

**佩戴发饰**
缠绕在额头上

3.用发胶喷洒在发卷部分，将皮质麻绳发饰系在额头部位。

适合发长/中长发、长发

基础造型之
## 发型秘诀
# 04

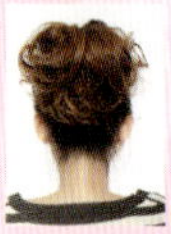

制造优雅的利落感
# 马尾×束起
# 的蓬松
# 束发造型

将发丝制造出卷曲度是营造
优雅感的关键，
将头发简单地束起即可呈现
出基本的造型感，
马尾的根部处用简单发饰遮
挡增加精致感。

**造型技巧**

■ 高马尾的简单变形
## 内扣发卷与高束发的
## 简单结合，营造活泼感

◎根据内扣造型的需要，将头发用电
发棒向内制造出卷曲。
◎将马尾用梳子倒梳，可以使马尾的
形状更加蓬松和饱满。
◎用卡子将发尾内扣并固定，提升马
尾形状的圆润感。

**卷发**
电卷发梢部分
1.将所有头发的
发尾部分用卷发
棒向内卷成内翻
卷儿。

**打毛**
打造空气感
2.将头发梳成高
马尾，然后用手
提起马尾辫，并
用梳子从上至下
倒梳打毛马尾。

**固定**
固定在头皮上方
3.将马尾辫充分
展开，并将发尾
向内扣，用卡子
固定。

**喷发胶**
提升持久度
4.在距离头发8厘
米左右处均匀喷
洒上发胶。

适合发长/中长发

■ 简单的低侧马尾

# 加入三股侧编辫的
# 低侧束发，突显优雅感

◎脑后加入三股辫造型弥补了侧束发发型中一侧刻板过空的缺陷。

◎打毛发尾使耳畔的发丝更加丰满，增加了侧束发髻的饱满感。

造型技巧

**①**

### 卷发
**电卷发梢**
**1.** 选用小号的卷发棒，将发尾头发缠绕在卷发棒上，电卷发梢，便于造型盘卷。

**③**

### 编发
**侧扎马尾**
**2.** 分别编两个松辫，留一小段发尾用皮筋固定，取一缕发束绕在皮筋上做遮盖。

**②**

### 打散
**将辫尾打毛**
**3.** 将发辫略拉松一些，并用梳子将编辫子时留出的发丝打毛，打造自然感。

■ 脸周发束的随意感

# 马尾式侧束发的
# 蓬松发型，增加甜美感

◎脸周留出一束头发，修饰脸部轮廓的同时也发型看起来更流畅。

◎用尖尾梳将马尾根处的头发挑松一些，让发型更显自然立体感。

适合发长/中长发、长发

造型技巧

**①**

### 卷发
**内外混合卷发**
**1.** 保留刘海，其余头发用大号电卷发棒从发尾到发中以内、外混合的方式烫卷。

**③**

### 分区
**分出脸周头发**
**2.** 用梳子将左侧脸周及耳部上方的头发分出，注意此处所留的发量不要太多。

**②**

### 束发
**扎高马尾辫**
**3.** 除脸周分出的发束外，将其余头发归拢在头顶左侧，用橡皮筋扎高马尾辫。

基础造型之
发型秘诀
**05**

适合发长/中长发、长发

自然与立体感结合
# 拧卷×打散
# 的自然
# 盘发造型

拧卷与打散的手法可赋予盘
发蓬松的精致感，
将发束用电卷发棒制造出卷
曲度，便于拧卷，
对发束进行打毛，即使拧卷
也依然有蓬松感。

造型技巧

**打毛**
打造蓬松造型
**1.** 卷发后，从顶
发区分出一缕发
束，用尖尾梳从
内侧打毛，制造
出空气感。

**拧卷**
打造立体效果
**2.** 将倒梳后的发
片略松散地反向
拧卷至另一侧的
耳朵后方。

**拧卷**
拧卷其余头发
**3.** 将其余头发分
成三部分，分别
进行拧卷，拧卷
时要留有一定的
蓬松度。

**束发**
旋拧束起头发
**4.** 将其余头发拧
起并固定在后上
方形成高束发，
将顶部拧卷的发
束固定在耳后。

■ 突显立体造型效果
## 局部旋拧与后束发的
## 完美衔接，提升华美感

◎局部倒梳并反向拧卷，与后束发形
成立体感造型效果。
◎将顶部分出的发束倒梳打散后反向
拧卷，环绕头部一侧，与后侧束发衔
接，简单提升立体效果。
◎对头部后侧的发束进行旋拧时，不
可过于用力，以免破坏蓬松感。

适合发长/中长发

**■ 拧卷制造蓬松感**

# 蓬松顶发与内卷的
# 自然搭配，营造柔美感

◎配合整体造型需要，发中至发尾要用电卷棒烫出内扣的发卷。
◎拧卷上发区头发时，注意保持其蓬松度，最后在表面做出光滑感。

**造型技巧**

**① 卷发**
做出内扣发卷
**1.**用大号卷发棒将头发从发尾到发中部分，向内卷，做出自然舒缓的大卷。

**分区、打毛**
将上发区打毛
**2.**以两耳后侧的连线为界将头发分成上下两个发区，并将上发区头发逆向打毛。

**② 拧卷**
固定在头后方
**3.**将上发区的头发拧卷固定在后上方，并将表面略微打理光滑。

**■ 透射内涵甜美感**

# 蓬松的蘑菇型
# 低侧发髻，提升轻熟感

◎在卷好的头发上适量涂抹发蜡，会让发髻造型更持久，不易松散。
◎将马尾辫从发尾向发根打毛，便于后面束发时做出蓬松效果。

适合发长/中长发、长发

**造型技巧**

**① 卷发、分区**
内外混合卷发
**1.**从头发的中部至发尾，用中号电卷发棒分别向内、向外卷出混合卷。

**分区、束发**
扎出侧马尾
**2.**留出刘海，将剩余头发在左侧耳后扎一个侧马尾辫，并将发丝倒梳打毛。

**② 拧卷**
在后侧束发髻
**3.**把打毛的马尾辫进行拧卷，使之成为一个蓬松的发髻，用发卡在根部固定。

139

适合发长/中长发、长发

基础造型之
## 发型秘诀
# 06

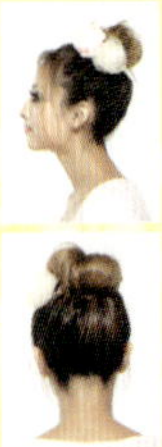

凸显圆润纹理感
# 旋拧×收起
## 的立体
## 束发造型

旋拧后再束起，可以使束发
造型呈现出自然感，
旋拧时不要拧得过紧，适当
保留发束的蓬松感，
旋拧后的发束容易松散，固
定时应尽量多用发卡。

**演绎邻家风格**
## 松散的拧卷式花苞
## 团子发髻，营造甜美感

◎边拧卷发束，边向一侧顺势做出花
苞状。
◎挽起发团时，不要挽得太紧，尽量
保持发团的空气感。
◎固定丸子时多用一些发夹，这样可
使丸子更牢固，不易松散。

## 造型技巧

**打毛**
制造蓬松感
1.用梳子将所有
头发从发梢到中
间部分打毛，为
后续的盘发造型
做准备。

**束起**
束起高马尾
2.除刘海外，将
打毛的头发在头
部后上方的位置
束起一个高高的
马尾辫。

**拧卷**
盘成团子发
3.将马尾辫在头
顶的位置向一个
方向松松地进行
拧卷，做出团子
形状。

**固定**
固定并调整
4.用发卡在发根
四周从外向内斜
向插入固定，调
整团子发的圆润
蓬松感。

140

适合发长/中长发

■ 打造利落感鬓角

## 加入式单侧拧转的中卷发，打造女孩气

◎边拧转边收起脸周的头发，打造出利落和立体的脸周轮廓。

◎耳部周围的碎发收起时不要贴紧头皮，需留有一定蓬松感。

**造型技巧**

①

**分区、拧转**
加入式拧卷

**1.** 侧分前发，取一侧发束，边拧转边加入脸周的少量头发，拧转到耳上位置。

③

**固定**
在耳边固定

**2.** 将旋拧后的头发在耳后用发卡从下至上插入固定，使发束不容易松散开。

②

**旋拧、固定**
旋拧起另一侧

**3.** 将另一侧耳部上方的一小束碎发拧转并固定，用头顶的头发盖住固定处。

■ 层次感侧盘发

## 旋拧环绕式双发髻的侧盘发，提升华美感

◎将头发有层次地分区，并分别旋拧至一侧，塑造出立体盘发效果。

◎前区发束应环绕在发髻根部，且发髻固定在与耳部同高的位置。

适合发长/中长发、长发

**造型技巧**

①

**分区、旋拧**
旋拧至耳后

**1.** 将顶发分为两束，其中一束拧卷成发髻盘在耳后，并从上至下插入发卡。

③

**旋拧**
旋拧出另一发髻

**2.** 留出另一侧刘海儿，将其余的头发挨着前一个发髻，再旋拧出一个发髻。

②

**环绕**
旋拧并环绕

**3.** 将前发区倒梳好的发束拧卷后从头部后侧沿圆形发髻的上方环绕并固定。

141

基础造型之
## 发型秘诀
# 07

适合发长/中长发、长发

拧卷出的层次感
# 分层×拧卷
# 的华美
# 盘发造型

旋拧前将发丝打理出一定的
卷曲度，便于固定，
多分区和多层次的局部旋
拧，增加造型立体感，
对旋拧好的发束进行全方位
固定，使其不易散落。

### 打理出松散的浪漫感
## 蓬松顶发与侧束发的
## 完美搭配，演绎梦幻感

◎以分区、拧卷为基础，运用局部旋
拧技巧塑造出自然的侧盘发。
◎将围卷好的发髻向上轻推，使其位
置略微上提，并收拢垂发。
◎对发尾进行打毛的蓬松处理，使整
体造型更加随意并富有张力。

## 造型技巧

**分区、旋拧** | **旋拧、固定** | **顶部效果**
拧卷上区发束 | 拧卷下区发束 | 顶部保持蓬松

1.将头发分为
上、下两区，把
上发区发束向内
拧转1圈至头侧，
用发夹固定。

2.将下区发束整
体归拢并向内拧
转至左上方，靠
近上区的下侧，
用发夹固定。

2.上发区拧卷后
的顶部，在内卷
的同时不要收得
过紧，保持立体
感是要点。

**倒梳打毛** | **环绕、固定** | **抓散、固定**
倒梳打理蓬松 | 内绕发尾并固定 | 打理出蓬松效果

4.将散开的头发
一束束用手从发
梢往上倒梳，塑
造空气感为盘发
做准备。

5.将打散后的头
发环绕耳朵围向
耳后的方向，并
用发卡从下至上
插入固定。

6.用手轻轻横向
抓散头发，使头
发充满空气感，
调整出蓬松、饱
满的形状。

适合发长/中长发

# 分股多层次拧卷的
# 侧束发，演绎俏皮感

◎想要轻松营造自然蓬松效果，在盘
发前应先对头发进行电卷。

◎侧面扎起的发髻与后侧的拧卷要保
持一定的蓬松感才自然。

**造型技巧**

① **旋拧、固定**
旋拧脸周发束

**1.** 依次将脸周的
头发分成小股
并分别旋拧1～2
圈，用发夹固定
住发尾。

③ **束起**
侧面束成发髻

**3.** 用皮筋固定移
至侧面的全部卷
发，调整发卷，
塑造出自然蓬松
的发髻形状。

**旋拧、固定**
旋拧后方发束

**2.** 将后侧头发分
成多股，从一侧
耳后开始，拧卷
移至另一侧并进
行固定。

② 

---

**■ 带有层次感的发束**

# 多分区与多层拧卷的
# 后束发，演绎古典韵味

◎将头发进行多层次的分区与拧卷，
打破普通后束披发的单调感。

◎头顶与脸周分出的发量要尽量均
匀，这样拧卷出的效果才匀称。

适合发长/中长发、长发

**造型技巧**

① **分区、拧卷**
拧卷顶部头发

**1.** 保留刘海，在
头顶分出一个正
三角形区域，将
此发束拧卷至后
上方固定。

③ 

**拧卷、固定**
固定两侧头发

**2.** 将两侧耳朵上
方的发束与刚刚
已经固定好的的
顶发发尾进行拧
卷并固定。

② 

**固定**
固定所有发束

**3.** 用发卡从四周
将内侧将所有拧
卷好的头发进行
固定，使其不易
松散。

基础造型之
**发型秘诀**
**08**

适合发长/中长发、长发

高束发的简单变换

# 立体×蓬松
# 的高束发造型

将发束做出自然的卷曲感，
便于营造蓬松效果，
将发束扎起在头后方较高的
位置更加凸显青春活力，
将发丝盘卷并固定在发根，
是制造丸子发的基本方法。

**造型技巧**

**束起**
束起高马尾辫
**1.**将除刘海之外
的其余头发在头
顶侧上方束起一
个高马尾辫，用
皮筋固定。

**基础团子发造型**

## 蓬松感棉花糖型
## 高束发髻，呈现纯美气质

◎为使发团整体不出现下垂感，马尾
应扎在头顶侧面较高的位置。
◎为使后面的发团更容易制造出蓬松
感，发束应进行简单的电卷。
◎用手倒推头顶马尾的发束会使发团
更加自然随意且好控制。

**拉散、内卷**
内卷至发辫根部
**2.**将马尾辫分成
小股发束用手拉
散，并分别向内
卷至发辫根部，
形成发髻。

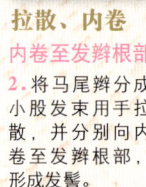 

**固定**
卡子固定发根
**3.**用U型发卡固
定住发根，注意
保持发根的空气
感，使发髻造型
更显蓬松。

144

适合发长/中长发、长发

## ▌半高盘圆润造型
# 加入自然卷披肩发的
# 高盘发髻，呈现淑女气

◎两侧的蝎子辫打破了束发平庸的感觉，是打造立体发髻的关键。

◎只在发尾打造曲度，使披散的发丝显得自然松散而不凌乱。

**造型技巧**

**① 卷发**
**内卷发梢**
**1.** 刘海四六分，然后横向使用电卷发棒，将其余头发的发尾部分向内卷弯。

**③ 打毛**
**制造蓬松感**
**3.** 将扎好的发辫拉起，用手稍稍倒梳打毛整根发辫，为后面的盘卷作准备。

**编辫、束发**
**头顶两侧编辫**
**2.** 将两耳以上的顶发分为两股，从两侧向中间编蝎子辫，汇合后用皮筋固定。

**② 盘卷、固定**
**盘卷出高发髻**
**4.** 将打毛的发尾在头顶四周分股拧卷后，用卡子固定，盘成一个高发髻。

## ▌简洁又性感的发髻
# 空气感前翻式的
# 凌乱盘发，洋溢慵懒感

◎搭在前端的马尾，凌乱又简单，只需用发卡固定，造型感立现。

◎取马尾中的一束头发缠绕在马尾辫根部的皮筋上，用以遮挡皮筋。

适合发长/中长发、长发

**造型技巧**

**① 卷发**
**烫出内卷**
**1.** 用大号的电卷发棒将头发从发尾至发中，向内侧烫卷出内扣的大卷。

**③ 倒梳**
**制造蓬松效果**
**3.** 用手抓起马尾辫，用梳子将马尾辫逆向倒梳，制造出蓬松凌乱的感觉。

**束起**
**扎起马尾辫**
**2.** 在头顶扎起一个高马尾辫，并取其中一束头发将皮筋缠绕遮盖起来并固定。

**④ 固定**
**将马尾向前翻**
**4.** 将凌乱的马尾辫往前翻回来，盖在头顶，并用发卡固定好马尾辫四周。

基础造型之
# 发型秘诀
## 09

适合发长/中长发、长发

## 5分钟甜美大变身
# 圆润×可爱的团子发造型

团子发是比较基本，十分容易上手的束发。

适合甜美一些的造型，可以充分展现清爽的脸部轮廓。

通过拧卷的手法与位置的变换，呈现出与众不同的造型风格。

**立体的基本团子发**
## 高发辫与简单拧卷
## 打造高团子造型

◎运用易打理的旋拧、倒梳，将高高的马尾辫拧卷并盘起固定，形成圆润的高盘发，展现清爽的脸部轮廓。

◎在盘发前可以将头从发中至发尾内外混合卷发，使后续的团子造型更容易固定，呈现立体感。

**造型技巧**

**打毛**
打毛高马尾辫

**1.** 横梳高马尾辫后，用梳子从上至下倒梳发中和发根，便于后续打理蓬松。

**拧卷**
在头顶旋拧

**2.** 将发辫旋拧至头顶，保持一定蓬松感，将拧卷发束的末端固定在发髻根部。

**调整**
提升圆润度

**3.** 固定好团子发后，轻轻用手指调整发团的蓬松感，使造型更圆润、自然。

适合发长/中长发、长发

■ 高马尾拧卷成花瓣状

## 花瓣造型的高盘
## 团子发，营造甜美感

◎倒梳马尾根部，制造蓬松效果，可
使团子发髻更加饱满圆润。
◎在头顶处将马尾辫分束向内卷扣，
制造有空气感的花瓣形状发髻。

造型技巧

**① 束起、打毛**
打造蓬松马尾
**1.** 在头顶最高处
扎马尾辫，从内
侧将马尾辫靠根
部分束倒梳，制
造蓬松感。

**③ 调整**
调整发束形状
**3.** 用手将向内卷
好的发束往两边
轻轻拉扯开，使
发髻呈现出蓬松
的花瓣状。

**② 内卷**
打造花瓣状发髻
**2.** 马尾辫分出小
股发束，向马尾
辫根处窝卷，发
梢部位多窝卷几
圈便于固定。

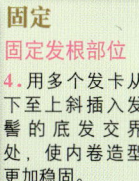

**④ 固定**
固定发根部位
**4.** 用多个发卡从
下至上斜插入发
髻的底发交界
处，使内卷造型
更加稳固。

■ 用倒梳塑造出蓬松感

## 双侧高束盘卷的
## 丸子发型，展现清爽感

◎对马尾辫进行倒梳，提升蓬松度，
使团子发髻看起来更加饱满。
◎两发区的分缝处不必过于平直，否
则会显得呆板不自然。

适合发长/中长发、长发

造型技巧

**① 束起**
两侧扎高马尾
**1.** 在头顶左右两
侧分别扎两个高
马尾辫，并用手
拉紧根部，使辫
子更紧实。

**③ 旋拧、固定**
旋拧成圆形发团
**3.** 将马尾辫顺时
针旋拧成圆润的
球形发团，并用
发卡固定马尾辫
的末端。

**② 打毛**
用梳子倒梳
**2.** 从马尾辫中部
开始向根部，用
梳子从上至下倒
梳，打造出蓬松
的效果。

**④ 旋拧**
旋拧对侧马尾
**4.** 将另一侧的马
尾辫以同样的方
法向内侧旋拧固
定，两侧丸子发
尽量对称。

发型秘诀
10

适合发长/中长发、长发

## 呈现生动造型
# 自然×甜美
# 的侧中束发造型

侧束发从正面也可以看到的
轻盈柔软的发束。
位于中部的蓬松造型，使脸
部轮廓更显立体。
通过拧卷、打散等手法，使
造型富有空气感。

**随意而不失恬静味道**
## 简单拧绕的环形侧束发
## 呈现不凡气息

◎在侧发辫的基础上，将发束分成两
股并交织环绕，形成有独特造型效果
的环形发髻。
◎利束发前可以用梳子从马尾辫的内
侧，由下至上从中部倒梳至发根，提
升头发的蓬松感。

### 造型技巧

**束发**
电卷发梢部分
1. 在头部侧上方
扎高发辫，用皮
筋固定，然后将
发辫分成均等的
两股。

**做环**
固定一个环形
2. 将一股发束卷
成一个中空的环
形发圈，并将发
梢用发夹固定在
皮筋处。

**缠绕**
绕第二股发束
3. 将另一股发束
松松地缠绕在第
一股发束的根
部，用发夹将发
梢固定。

适合发长/中长发、长发

**蓬而有型的盘发**

# 凌乱感多股的卷翘后束发，营造华丽感

◎将头发分成多股小束分别拧卷固定，制造出凌乱卷翘的团子造型。

◎颈边的两束可爱卷发既拉长了颈部线条，又装点了空无一物的颈侧。

**造型技巧**

**① 卷发**

电卷发梢

1. 将发束从中部至稍部向内缠绕在电卷发棒上，烫出卷度便于盘发固定。

**③ 定型**

消除毛糙感

3. 蘸取少量的发蜡，双掌对搓使其均匀，轻抓后面盘好的头发，给盘发定型。

**束起**

分成小股束起

2. 将其余的头发分成小股用手指绕成卷固定在脑后，颈部后侧留两绺发束。

**②**

**调整**

卷曲颈后发束

4. 将留在颈部后面的两绺头发缠绕在手指上再松开，制造出自然的卷曲度。

**④**

**简约而不简单的束发**

# 极致简约的卷曲高束发，透露青春气

◎分出的两边刘海可用电卷发棒微微卷出一定弧度，增加甜美感。

◎用发束遮挡皮筋，并将马尾打散。没有配饰也能打造完美造型。

适合发长/中长发、长发

**造型技巧**

**① 卷发**

卷曲头发

1. 纵向使用大号电卷发棒将头发自发中到发尾，向内卷出大内扣的螺旋卷。

**③ 遮挡**

遮挡皮筋

3. 将在马尾辫中取出的发束缠绕在皮筋上，遮住皮筋，并在发根处进行固定。

**束起**

扎起马尾辫

2. 将卷好的头发在头顶扎起一个高高的马尾辫，并取出一股细发束待用。

**②**

**打散**

将马尾打散

4. 将马尾辫的大卷用手左右拉扯打散，将马尾辫打理出蓬松凌乱的感觉。

**④**

基础造型之
## 发型秘诀
## 11

打破传统束发的单调

# 蓬松×柔美
# 的低束发造型

将发团卷至齐肩的位置可增
加柔美舒缓的气质，
将头发分区并逐一进行旋
拧，轻松塑造出层次感，
拧卷时不必拧得过紧，应保
留少许蓬松感。

**局部旋拧多重组合**

## 自然感分组拧卷的
## 侧束发，塑造名媛风

◎在拧卷发束时不可拧得过紧，否则
会失去发型应有的蓬松感。
◎由于分区和拧卷的层次较多，发髻
要随时进行固定，避免散落。
◎盘发后发饰的佩戴可以使整体造型
更加饱满，并遮盖住衔接部位。

**造型技巧**

**拧卷、固定**
旋拧至耳侧
1.将头发分为
上、下发区并束
起上发区头发，
旋拧至耳部上方
并进行固定。

**旋拧**
旋拧成小发髻
2.将余下的发尾
进行再次旋拧，
将其卷成一个
小发髻并固定在
耳部上方。

**分区、旋拧**
提起发束旋拧
3.将下发区分成
左、右两发区，
将下发区右侧的
头发提起并逆时
针方向旋拧。

**旋拧**
旋拧至左侧固定
4.将下发区右侧
的头发旋拧至上
侧发区的小发髻
处，边拧卷边围
绕发髻固定。

**旋拧**
拧卷下发区头发
5.将下发区左侧
剩余发束的发尾
部分，与下发区
右侧的发束一起
进行旋拧。

**盘绕、固定**
斜向盘绕并固定
6.将整体旋拧后
的发尾，绕过耳
上已有的发髻，
斜向绕至盘发的
底部固定。

适合发长/中长发、长发

**局部旋拧的简约感**
# 舒缓感双层拧卷的侧束发，提升温婉风情
◎用大号的卷发棒卷出舒缓发卷，使脸周垂落的卷发更显柔滑。
◎将顶发分出，强调立体顶发的同时减少后侧需要固定的发量。

**造型技巧**

9164

**① 分区、拧卷**
顶发做出弧形
1.留出刘海与左侧耳部前侧的头发，将顶发拧起，用发卡在后上方固定。

**③ 固定**
归拢两侧头发
3.将右侧头发拧卷后与左侧拧起的头发固定在一起，并全部归拢在右侧。

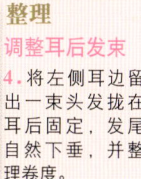

**② 拧卷、固定**
拧卷左下方发束
2.将顶发以外的头发分成左、右两发区，将左侧头发拧卷至后上方并固定。

**② 整理**
调整耳后发束
4.将左侧耳边留出一束头发拢在耳后固定，发尾自然下垂，并整理卷度。

**返璞归真的双马尾**
# 自然感螺旋卷双侧马尾辫，演绎田园风
◎用发束缠绕皮筋处，拉开发辫根部与脸周距离，使发型更舒展。
◎自然是关键，不管是发尾还是发顶，都要做出蓬松自然的效果。

适合发长/中长发、长发

**造型技巧**

**① 卷发**
内卷头发
1.用中号电卷发棒夹住发尾慢慢向内卷到头发中部，打理出内扣的发卷。

**③ 遮盖**
用发束遮盖皮筋
3.分别从马尾辫中各取出一小束头发，缠绕在发辫根部的橡皮筋位置做修饰。

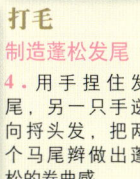

**② 束起**
扎两个发辫
2.保留刘海，将其余头发分为左、右两个发区，分别在耳后扎两个发辫。

**② 打毛**
制造蓬松发尾
4.用手捏住发尾，另一只手逆向捋头发，把两个马尾辫做出蓬松的卷曲感。

151

基础造型之
## 发型秘诀
### 12

适合发长/中长发、长发

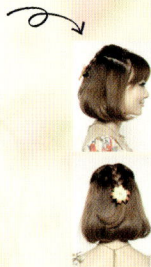

一个亮点提升气质
# 加一点小变化
# 就与众不同

在普通发型中融入一个亮点，即可摆脱平庸感；运用编辫、旋拧等手法，增加发型的立体感，打理和保留蓬松效果是营造自然感的关键所在。

造型技巧

**卷发**
**制作内扣卷**
1. 用电卷发棒从发尾至发中向内卷出内扣的弧度，使发尾更好地修饰脸型。

**分区**
**做出弧形顶发**
2. 留出刘海，在头顶分出三角形的发区，拢起发束并轻轻上推，做出弧形。

**编发**
**编三股辫**
3. 将顶发向下编成三股辫，编辫时注意尽量贴合头部的弧度，不要过于外翘。

**固定**
**编至一半固定**
4. 三股辫辫至发束长度的一半处，用皮筋束起进行固定，留出一半发尾不编。

**梳理**
**梳理发辫尾端**
5. 用梳子对发尾端进行梳理，使发丝顺畅整洁，使发辫更加贴合头部弧度。

**定型**
**消除毛糙感**
6. 将发胶均匀喷在头顶的三股辫上，消除毛躁的同时，使发辫造型更加持久。

制造蓬松感顶发
## 弧形顶发与三股辫的
## 简单结合，增加甜美感

◎用电卷发棒在发尾做出内扣的发卷，发束包覆脸部以修饰脸型。
◎为了使顶部蓬起成弧形，拢起顶发后要进行轻轻上推的动作。
◎编三股辫时要尽量贴合头部的弧形，使发辫看起来更垂顺。

适合发长/中长发

**斜束马尾打破常规**
# 卷翘发梢和斜束的马尾，打造俏皮风
◎用吹风机代替电卷发棒吹制发卷，发卷会更加具有空气感。
◎斜束的马尾打破了披肩发和常规束发的平庸感，平添几分俏皮。

**造型技巧**

**卷发**
用吹风机吹卷
1.用塑胶发卷将头发从发梢向上卷起，用吹风机吹卷，打造出自然感的发卷。

**分区、束起**
扎出侧马尾
3.在头部后上方分出一片圆形发区，抓起此处发束在头顶一侧扎一个歪马尾辫。

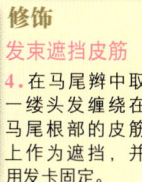

**打毛**
制造蓬松感
2.用梳子在头发的根部进行倒梳打毛的处理，使头发更加蓬松自然且易于固定。

**修饰**
发束遮挡皮筋
4.在马尾辫中取一缕头发缠绕在马尾根部的皮筋上作为遮挡，并用发卡固定。

**耳后的利落感**
# 单侧的局部双股拧卷发，增加利落感
◎将耳边头发分成两股并进行拧卷，可以打造出利落的鬓角。
◎拧卷发束时注意不要拧得过紧，要适度保留发根部的蓬松感。

适合发长/短发

**造型技巧**

**分区**
鬓角处取发片
1.留出刘海儿，在鬓角的位置取出一缕发束，注意要沿着发际线的边缘取发片。

**分区**
在耳上分出发束
3.在耳朵的后上方，即上一发片的下方再取出与上一发束发量相当的一缕发束。

**拧卷、固定**
拧卷并固定
2.将刚刚取出的发束以逆时针的方向进行拧卷，平行拉至头部侧后方加以固定。

**拧卷**
平行拧卷固定
4.将此发束平行于上一发束进行拧卷并用发卡固定，使耳后呈现出利落的感觉。

基础造型之

## 发型秘诀

# 13

线条柔美的发丝

## 柔和、蓬松的基础卷发

正确运用发梳、魔术发卷、卷发器和电卷发棒等工具打理出自然卷发，
发束分得越薄，发卷量越多，整体的造型越蓬松，刘海也要制造出自然弧度。

■ 从内侧加入空气感

### 利用发梳内卷并打毛，打造蓬松发卷

◎用圆发梳逆向梳理头发，从内侧加入空气感，从视觉上增加发量。

◎刘海儿与脸周重点打理，可以提升造型的立体蓬松效果。

◎为取得良好的卷发效果，卷发时应用圆发梳将发束充分拉紧后内卷。

**造型技巧**

**卷发**
拉伸头发向内卷
1.用圆发梳从发梢至发中将头发向内卷，用梳子将头发一边拉紧一边卷起。

**倒梳**
制造出空气感
2.将表面的头发拉起，用发梳从内侧慢慢地逆向梳理，打造造型的蓬松感。

**抓送**
用发蜡抓松散
3.蘸取造型发蜡，并揉搓双手使其均匀分布，抓揉发卷，令发束更加蓬松。

**卷发**
对侧同样卷发
4.将另外一侧的头发也做同样的处理，先拉伸卷弯，再逆向梳理制造蓬松感。

**内卷**
刘海儿制造弧度
5.用圆发梳将刘海儿发束向上拉起梳理顺畅，并向内卷出自然的弧度。

**外卷**
外卷脸周发束
6.用发梳将脸周的发束拉紧向外卷，可配合吹风30秒，冷却10秒后松开发梳。

154

## ■ 有变化感的卷度

# 利用魔术发卷内外混合制造卷度，打造随意感

◎魔术发卷使用起来很简单，适合打造有变化感的卷发造型。

◎用于发梢时可以做出自然松散的效果，使用时水平卷发是要点。

### 造型技巧

**内卷**
耳前发束内卷

1. 将耳前与耳后头发分开，用魔术发卷将耳前的头发从发梢向内卷曲。

③

**外卷**
外卷耳后发束

2. 用魔术发卷将耳部后侧的头发由发梢向外卷，内卷时需拉紧发束。

**外卷**
后侧发束外卷

3. 将后侧的头发分成左右两个部分，分别用魔术发卷由中部开始向外卷。

## ■ 松紧适度的发卷

# 利用卷发器打造的外翻卷发，增加雅致感

◎用电热卷发器打理外翻发卷前，应先用梳子将头发梳理通顺。

◎卷发时头发不要卷得过紧，这样完成的发卷才能自然，富有弹性。

### 造型技巧

**外卷**
外卷后侧头发

1. 将头发梳理通顺，然后将后侧头发分成两部分，用卷发器从发梢向外卷。

③

**内卷**
内卷两侧头发

2. 脸部两侧的发束应向内卷才能有效修饰脸型，用卷发器从发梢卷至发中。

**等待**
松紧度要适中

3. 后侧头发卷好的效果，卷曲的松紧度要适中，过紧的话会显得发卷不自然。

## ■ 调整脸周发束线条

# 利用电卷发棒打理侧面发束，增加饱满度

◎可分为后方、侧方、刘海儿及脸周四个基本区域烫卷头发。

◎水平使用电卷发棒将侧面头发的弧线打造出自然曲度，使造型更饱满。

### 造型技巧

**护理**
喷隔热定型水

1. 卷发前，在头发微湿状态下，从头发内侧喷洒具有隔热作用的卷发定型水。

③

**平卷**
刘海儿部分

3. 用电卷发棒平卷刘海儿，脸周头发也向内平卷呈内扣效果，修饰脸部轮廓。

**平卷**
中部及后侧头发

2. 用电卷发棒烫卷头部后侧的发束，卷时从头发梢部开始至中部平卷两圈。

④

**平卷**
侧面头发

4. 用电卷发棒将头部两侧的头发从发梢至中部平卷两圈，打造出饱满的轮廓。

## 基础造型之
# 发型秘诀
## 14

# 利用吹风机局部
# 打理蓬松，增加发量感

◎利用吹风机将顶部的头发从根部打造蓬松感，从视觉上增多发量感。

◎通过调整发线提升局部发束的体积感，可以轻松打造饱满效果。

**造型技巧 2** ①

### 改变发线
**打造曲折发线**

1. 将顶发呈锯齿状分缝，用梳柄沿曲折线分开头发，梳向两侧。

②

### 吹风
**拧卷发束后吹风**

2. 将头顶中部头发向上束起，拧卷后吹蓬松，提升发束体积感。

## 顶发不再塌落
# 更显立体
# 的顶发造型

利用吹风机和魔术发卷等工具，将顶部的头发制造出自然弧度，轻松提升发量感，利用手指揉搓和改变发线的方式，改善发根紧贴头皮的问题。

**造型技巧 1**

### 吹发
**边揉发边吹风**

1. 趁着刘海儿与顶发还潮湿的时候，一边用指腹揉搓发根一边进行吹风。

③

### 吹发
**逆向吹发**

2. 用手将刘海儿与顶发逆着头发的生长方向压向一侧，同时进行吹风。

②

### 揉搓
**做出空气感**

3. 将手指穿入顶发轻揉头发的根部处，使头发不会紧贴头部，打理出空气感。

# 利用魔术发卷制造
# 混合弧度，提升蓬松感

◎向前和向后的混合卷可以使顶部的发束呈现出自然的纹理感。

◎配合吹风机加热可以使定型发束的卷曲感，散开后持久蓬松。

**造型技巧**

①

### 后卷
**向后卷顶发**

1. 将整体头发梳理通顺，用魔术发卷将顶部靠前发区的头发向后卷几分钟。

③

### 吹风
**增加蓬松感**

3. 配合吹风定型可以使固定发丝的卷曲度，发量较多时，可多卷几个发卷。

②

### 前卷
**向前侧卷发**

2. 用魔术发卷将顶部靠后的发束向前卷几分钟，用发卷薄薄卷发束即可。

④

### 揉搓
**做出空气感**

4. 用手指轻捋发丝，将凌乱发卷稍作整理，同时轻揉发根使发根自然蓬起。

## ■ 调整方向、自然卷曲
## 吹风×卷曲
## 打造蓬松刘海儿卷发

◎可以运用吹风机来打造刘海儿的侧分效果，要从发根向发尾吹。
◎运用卷发棒来调整头发的卷度，重点在于拉住发束边移动边卷发。

**造型技巧**

### 吹风
**拉向一侧吹风**
**1.** 将刘海拉向一侧，从发根向发尾进行吹风，塑造出刘海儿的自然弧度。

### 卷发
**拉住发束卷发**
**2.** 用卷发棒拉住发束，从发中向发尾边移动边卷发，做出自然卷曲的效果。

## ■ 冷热风交替定型
## 吹风×定型
## 塑造丰盈松散卷发

◎为了使做好的发卷更好定型，可以将发卷部分编一个松松的发辫。
◎对发辫进行吹风，增加卷翘度，冷风轻吹提升发卷的持久性。

**造型技巧**

### 编辫
**弱档轻吹**
**1.** 将卷发自发中到发尾随意编出一个蓬松的发辫，然后用弱档风轻吹。

### 定型
**用冷风定型**
**2.** 用吹风机的弱档冷风吹编辫的部分，松开发辫后调整卷发的自然松散造型。

---

**基础造型之**
## 发型秘诀
# 15

**打理发型更顺手**
# 简单有效
# 的基础技巧

弱档吹风塑造蓬松效果，冷风定型可使发型更持久，吹风后将发卷拉散，可以快速营造处饱满效果，用吹风机从发根吹起打造侧分刘海儿。

---

## ■ 配合发蜡的拉散
## 吹风×拉散
## 提升造型的饱满效果

◎通过吹风与拉散的简单配合，可以快速做出自然的饱满感。
◎用手指均匀地揉搓开发蜡，少量、多次使用才会使头发自然有型。

**造型技巧**

### 吹干
**从发根吹干**
**1.** 用吹风机将头发吹干，因为发根隐藏在内不容易吹干，应该从发根处开始吹。

### 拉散
**涂抹发蜡**
**2.** 取少量的发蜡在手掌与指缝间推开，轻抓头发，涂抹在头发的中部与发尾。

### 拉散
**分成小股拉散**
**3.** 分别取发尾处的一小股发束，用手指从发尾处将发束拉散开。

■ 打造微卷立体感
## 分层塑型与卷发
## 塑造有层次感的刘海

◎为使卷发更具有弹性且持久，可在发根处揉搓上适量的发蜡。
◎用魔术发卷分内、外两层层卷刘海，使造型更加具有立体感。

■ 增加刘海的整体感
## 用吹风机侧吹
## 消除刘海的中分缝

◎通过向两侧吹风使刘海儿的发束向中部集中，消除中分发缝。
◎使刘海儿向侧面定型，在发卷处涂抹适量免洗护发素，达到滋养效果。

### 造型技巧

**定型**
涂抹适量发蜡
1. 取适量的发蜡在手上，轻轻揉搓在发尾处，注意要将头发分成束进行揉搓。

**卷发**
分为内外两层
2. 将刘海儿分成内外两部分，用魔术发卷分别卷起两层刘海儿，一直卷到发根。

### 造型技巧

**吹风**
集中整体吹风
1. 用手一边随意打乱刘海儿一边从发根处将刘海吹干，让分缝不明显。

**吹风**
用吹风机侧吹
2. 将刘海儿反过来移至左侧进行吹风，把容易分缝的头发向中间集中。

**吹风**
制造蓬松感
3. 用手将刘海儿提起，用吹风机在发根出进行吹风，使发丝自然蓬起。

**护理**
涂抹免洗护发素
4. 取少量免洗护发素涂抹在头发的中部与发梢，增加发卷弹性。

■ 调整喷雾的时机
## 吹干前喷雾
## 提升发卷的持久度

◎在头发还潮湿的时候使用打底品，然后再吹干，提升发卷的持久度。
◎卷发后使用喷雾，可以消除毛躁和定型，此时不要过度拉扯发卷。

### 造型技巧

**喷雾**
半干时喷造型品
1. 在头发半干的状态下喷造型喷雾，同时用手拉散发束，使造型品均匀分布。

**吹风**
将头发吹干
2. 用吹风机将头发从发根处吹干，使头发变干燥，再卷发可以保持造型更久。

**喷雾**
消除毛躁
2. 在卷发部位喷造型喷雾消除毛糙感，不要过度拉扯发卷，以免破坏造型感。

■ 营造灵动卷翘感
# 发蜡

◎护发、定型的硬质蜡状发胶，能固定发型，增加光泽感，
◎使头发变得更加服贴，并可以简单修改发型。

\适合用于 /

- 想要增强发梢的动感
- 想盘发时提升整体造型的体积感
- 想要打造短发或卷发的层次感，令头发造型自然
- 想处理发根和毛糙的碎发

## 造型技巧

**蘸取**
在掌心推揉开
1.蘸取一元硬币大小的发蜡，双手合并，将发蜡在掌心中均匀地推揉。

**涂抹**
搓揉涂抹
2.整体涂抹发蜡，用手指由下至上搓揉发尾并往上提起，提升发束动感。

■ 隔热并增添柔顺感
# 卷发水

◎阻隔吹风、整烫和造型夹的热伤害，防止发丝毛糙。
◎增添发丝光泽度和柔顺感，使造型更加持久。

\适合用于 /

- 想要提升发卷的弹性和柔顺质感
- 减少电热卷等对头发造成的热伤害
- 增加头发表面的光泽度
- 抚平毛糙发丝，持久保湿

## 造型技巧

**喷雾**
喷卷发水
1.在卷发或吹风造型时，距离头发10厘米左右喷卷发水，至发丝微湿即可。

**涂抹**
将产品打理均匀
2.用手指从上至下轻捋发束，使指缝穿过发束，让卷发水充分渗透发丝。

基础造型之
## 发型秘诀
# 16

护发与定型
# 造型剂
# 的使用技巧

不同造型产品可以带给造型细微的变化，要根据不同质地与希望达到的效果，掌握区别使用的技巧，
造型品用量要适中，过量使用会让造型显得呆板。

■ 轻松营造空气感发型
# 定型喷雾

◎无论卷发或直发，都能打造出赋有动感的自然造型，
◎能使枯燥、毛糙的头发瞬间变得柔顺，造型更持久。

\适合用于 /

- 不破坏造型的前提下进行整体定型
- 使发型持久不易塌落
- 想提升头顶造型的体积感
- 减少发丝的毛糙感，收敛碎发

## 造型技巧

**定型**
喷定型部位
1.用喷雾发胶喷定型部位，在固定内侧打毛部位时，要将发束上提后喷雾。

**喷雾**
挑起发根喷雾
2.打理顶发时，用手边挑起顶发边喷雾，从发根处定型，使造型蓬松。

■ 定型效果自然
# 泡沫摩丝

◎泡沫摩丝的定型效果很自然不生硬，且不会产生细小的碎屑。
◎不要使劲揉泡沫，而是沿造型轮廓由下至上边提起发束涂抹。

**适合用于**

- 尤其适合缺少质感和力度的头发
- 想打造柔软、赋有弹性的波浪卷发
- 想打造发根直立的时尚造型
- 造型后显得头发赋有质感

■ 护肤和定型效果兼备
# 发乳

◎有良好的护发和定型作用，可以随意固定发型，使头发柔顺。
◎先将产品在手中充分推开，可以更加均匀地涂抹在发丝上。

**适合用于**

- 适合纤细及中性发质使用
- 想要获得润泽的质感
- 提升头发的光泽与柔润感
- 想打造赋有垂感的造型

## 造型技巧

### 摇匀
**挤出并推开**
1.用前先摇匀，然后将一个柠檬大小的摩丝泡沫喷在手心中并轻轻推开。

### 涂抹
**充分涂抹均匀**
2.用手托起两侧发绺，一边轻揉一边充分涂开摩丝，打造发束的空气感。

## 造型技巧

### 蘸取
**蘸取并均匀推开**
1.取一粒珍珠大小的发乳，充分推揉开，使其均匀分布在指缝及指尖中。

### 涂抹
**不同的涂抹方法**
2.打理卷发时，只涂抹发尾即可；打理直发时，可以由上至下整体涂抹。

■ 提升发型丰盈感
# 蓬蓬粉

◎含细致粉末，使头发从发根处呈现蓬松、丰盈效果。
◎根据自身发质来调整用量，搓揉时越贴发根，蓬松效果越明显。

**适合用于**

- 想要打造发根蓬松的效果
- 想让发型看上去更有层次感
- 想要提升整体造型的体积感
- 想塑造具有质感的性感造型

■ 塑形效果十分自然
# 发油

◎增加头发弹性，使枯燥的头发瞬间变得柔顺服贴。
◎涂抹时用手指轻捋发束，使发油均匀分布，避免局部涂抹过量。

**适合用于**

- 适用头发翻卷的自然造型及发根
- 想要使头发更加柔润、贴服
- 改善过于蓬松的造型
- 想要提升头发的亮泽质感

## 造型技巧

### 蘸取
**将发油均匀推开**
1.取适量发油于手心中，双手将发油均匀地推揉开，用手指轻捋发中至发尾。

### 涂抹
**轻捋发束涂抹**
2.用手指从上至下轻捋发束，使发束穿过指缝均匀涂抹上发油。

## 造型技巧

### 涂抹
**搓揉发根处**
用指腹在发根处搓揉增加蓬松感，然后取少量蓬蓬粉由下至上抓发尾定型。

## 美发
### 常见问题一

■ 使用护发产品加以改善

**经常使用卷发棒、吹风机等做造型，头发很容易出现干燥、分叉状态?**

◎用卷发棒、吹风机等打理发型比较常见，造型时处理不当就容易损伤发质，造成分叉等问题。
◎只在造型前，先用具有隔热护发效果的美发产品打底，来降低热损伤，尽可能的减少头发在造型过程中受损。

### 造型技巧

**护发**
抗热护发水打底
1. 在头发略湿状态下涂抹免洗抗热护发水，降低卷发棒的热损伤。

**卷发**
使用离子卷发棒
2. 用负离子卷发棒做造型，与抗热精华共同起到减少热损伤的作用。

**拉散**
用手指梳理松散
3. 卷发后用手将发束轻轻拉扯松散，使卷发的造型更加自然。

基础造型之
**发型秘诀**
17

针对常见烦恼
# 消除毛糙的美发答疑

频繁使用卷发棒、吹风机，头发更容易出现健康问题，疏于日常头部护理也很容易出现干枯、分叉等烦恼，坚持使用护发产品并及时缓解头部压力，才能长久保持秀发柔顺有光泽。

## 美发
### 常见问题二

■ 护发产品配合美发工具

**长长的直发缺少顺滑感，如何能够快速地恢复头发的光泽质感?**

◎在头发潮湿状态下涂抹免洗的护发产品，集中修复受损发质。
◎使用护发产品的时候配合美发工具，让护发的效果加倍提升，快速地为头发带来光泽顺滑的健康感觉。

### 造型技巧

**护发**
喷免洗护发精华
1. 造型前趁头发还未干时，喷洒免洗的护发精华，修护的同时起到隔热作用。

**吹发**
用发梳配合吹风
2. 用卷发梳从上至下，一边拉近头发，一边配合离子吹风机的凉风档吹干头发。

**梳理**
离子发梳梳理
3. 吹干头发后用带通气孔并附有气垫的离子发梳慢慢梳理头发，恢复头发的光泽感。

## 快速清洁护理

# 早上起来头发容易出油，又没有时间洗头，如何快速恢复清爽感？

◎干洗喷雾可以快速恢复头发的清爽感，赶走油腻，适合没有时间洗头时的清洁护理。

◎适用喷雾后要用干毛巾深入发根处，擦拭掉喷雾的浮粉，并用细齿梳梳理掉污垢。

### 造型技巧

**喷雾**
喷洒干洗喷雾
1. 在头发干燥的状态下，用手提起发束，直接从头发内侧开始喷洒上干洗喷雾。

**擦拭**
擦拭去浮粉
2. 用干毛巾轻轻擦拭头皮和头发表面，将干洗喷雾残留的浮粉擦拭掉。

**梳理**
梳理去除油污
3. 用细齿梳从上至下慢慢地梳理头发，将油污梳理掉，顿时恢复头发的清爽感。

## 定期进行深层护理

# 染发造成头发干枯受损，洗头后头发十分毛糙、不润泽，该如何改善？

◎频繁染烫会导致头发受损，即使头发没有健康问题，每周也要做一次发膜，滋养秀发。

◎配合热毛巾的加温和支付的按摩，可以是有效成分更加深入地深入至发丝。

### 造型技巧

**涂抹**
涂抹发膜并保温
1. 洗发后将头发擦拭至八成干，顺头发生长方向涂抹发膜，并带上保温浴帽。

**包裹**
热毛巾包裹
2. 用热毛巾包裹住浴帽，加热发丝，使有效成分更加深入渗透深层滋润头发。

**按摩**
按摩舒缓头皮
3. 待头发自然降温后，摘掉浴帽，用指腹从头顶向两侧按摩头皮，舒缓头部。

## 配合护发品去除毛糙

# 梳头时常起静电，喷水后也没有明显改善？

◎打理直发时容易因干燥而产生静电，先在头发上喷护发产品来修护干燥受损的发质，
再配合使用天然材质的防静电发梳，消除静电对头发的损伤，梳理后头发能保持顺滑，避免毛糙。

## 根据发质选择合适发梳

# 发梳材质与设计不同，对头发有哪些影响？

◎有细孔设计的发筒有助于吹透发间，提升层次感；天然鬃毛发梳，可减低梳齿对头发的摩擦力；
圆头刷毛的尼龙或塑胶发梳，可避免刮伤头皮；附有塑胶软垫的发梳，可减低因静电而出现的毛糙问题。

## 降低直板夹的热损害

# 打造顺直头发，长时间使用直板夹有效果吗？

◎头发很难拉直顺时，一般是由于头发失去水分造成的。这时不要让直板夹长时间停留在头发上拉直，否则会导致干燥状况更严重。
在造型前，应使用免洗的抗热护发产品为头发补充养分，减低热损伤。

## 降低电卷发棒的热损害

# 经常使用电卷发棒对头发的损伤很大？

◎卷发棒在头发上停留得过久会蒸发掉头发中的水分，为避免损伤，停留时间应不超过10秒钟；
此外，在卷发前头发微湿状态下先使用抗热卷发定型水，造型时可以降低热损伤，并提升造型感。

基础造型之

# 美甲秘诀

第 **5** 章

## 修整与美甲入门

# 实用且造型多变的基础指绘

◎美甲首先要护甲，为美甲前，先做完整的修护，指甲也需要定期修整。

◎坚持两周一次的甲部修护，可以保证指甲健康，让甲部焕发自然光泽。健康，让甲部焕发自然光泽。

◎多姿多彩的美丽炫甲带出完全不同的个性风格，随时改变色彩与样式，展现和谐的整体造型印象。

基础造型之

**美甲秘诀**

# 01

## 基础技法
# 甲形修整
# 的基本技法

指甲长度与形状的改变，整体印象也会随之改变，根据希望展现的风格，选择并修整出适合自身特点的甲形，使甲部拥有美观而整洁的外形，

不仅可以使手部显得自然修长，印象也会快速提升。

# 四种常见甲形的外形特点
# 与基本修整技巧

◎指甲的外形一般分为方形、方圆形、椭圆形、尖圆形4种。

◎修甲形，可以选择180号粗细的砂条；用过于粗糙的砂条虽然磨的速度快，但容易造成边缘修整不光滑，导致指甲边缘磨损。

甲形 ❶

## ■ 方圆形

**基本形状**

◎方圆形指甲的前端和侧面均呈直线形，形状较柔和。

◎不容易断裂，适合任何人，可以弥补指关节突出问题。

**修整要点**

◎将指甲前端与侧面修平直，并修去左右偏尖的端角，两侧修整时用力要平均，并向一个方向打磨。

甲形 ❷

## ■ 椭圆形

**基本形状**

◎具有东方特点的传统甲形，指甲前端的轮廓呈椭圆形。

◎外形最为自然的形状，但强度不足，容易断裂。

**修整要点**

◎从指甲侧面向前端左右对称修成自然的圆形，使整体呈圆润的椭圆形状。

甲形 ❸

## ■ 四方形

**基本形状**

◎四方形外观富有个性，可以使手指放上去显得修长。

◎不易断裂，但尖角容易刮蹭服装。

**修整要点**

◎用锉刀分别单向打磨指甲前端与侧面，修成较平直的直线形，使整体呈四方形。

甲形 ❹

## ■ 尖圆形

**基本形状**

◎充分展现女性的魅力，显得手部纤细、柔美，

◎强度不足，偏尖的部分容易断裂。

**修整要点**

◎沿指甲前缘下方，从两侧向中间呈曲线形磨尖，使整体形状呈尖圆形。

## ■ 指甲的修整
# 使指甲整洁、有光泽的基础修甲技巧

◎美甲首先要护甲，为美甲前，先做完整的修护，指甲也需要定期修整。
◎坚持两周一次的甲部修护，可以保证指甲健康，让甲部焕发自然光泽。

### 美甲要点

| 方向 | ◎修整甲形时，用锉条来回打磨指甲，很容易形成"双层甲"，导致指甲分层、断裂，应沿一个方向进行单向打磨。将锉条蘸水打磨更加顺滑。 |
|---|---|
| 粗细 | ◎先用锉条的粗砂面修整出基本轮廓后，换细砂面打磨指甲的细节部位，锉条的粗细面搭配使用，可以减少对指甲造成损伤，并呈现更好的光泽感。 |

### 美甲技巧

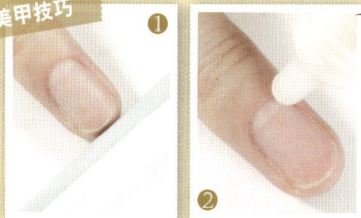

### 修整
#### 修形、软化
1.用锉条将指甲修出喜欢的形状，用指甲刷清除脱落的甲屑。2.将适量指皮软化剂涂于软皮及甲沟上，并轻轻按摩指甲根部。

### 去死皮
#### 推、剪死皮
3.用去死皮钢推将手指上老化的指皮向后推，使甲盖显得修长。4.用去死皮钢推轻轻推掉指甲根部的多余死皮，使甲面更整洁。5.用指皮剪将推出的皮刺小心剪掉。要剪断，不要拉扯。

### 护理
#### 涂抹营养油、清理污垢
6.将少许营养油均匀地涂抹在指甲上，并轻柔按摩确保吸收。7.用抛光块抛平指甲表面的纹路，抛出指甲的自然亮度。8.用小木棒端部薄薄地卷上棉花，清理指甲前缘内侧污垢。

### 涂抹
#### 加钙底油和亮油
9.用营养甲部的加钙底油，均匀地涂抹在整个指甲表面。10.最后用透明亮油均匀地涂抹在整个指甲表面进行保护。

## 基础造型之
# 美甲秘诀
## 02

### 亮片衬托华美感
# 基色×亮片
# 的闪亮美甲造型

简单的纯色底色为造型提供
了无限的搭配空间，
亮片打破的平面感，为甲片
带来起伏的立体感。

基础技巧

在白色底色上
面点缀各种宝石和
水钻，会让人眼前
一亮，或是搭配一
些可爱的小饰物也
会使你的白色指甲
瞬间亮起来。

完成

◎用亮片组成的爱心，加上
钻饰的点缀，展现小女生的
独特味道，也为简单的白色
指甲增加了装饰与点缀。

### 金色亮片衬托华美感
## 白色为基底配以心形亮片
## 营造清新的华丽感

◎白色甲油打造出清新且独特的基
色，点缀上华丽的金色亮片，赋予璀
璨光泽的同时又不失纯美感觉。
◎为避免出错，可先用金色细线描绘
出基本图形。

a. 白色甲油
b. 透明甲油

造型技巧

**涂底色**
1. 用白色甲油均
匀地在指甲上涂
抹两遍。

①

**描画心型图案**
2. 用金色细线笔
在指甲上画出心
形图案。

②

**粘贴金色亮片**
3. 用透明甲油蘸
取金色亮片粘在
金色的心形中。

③

4. 将水钻零散地
粘贴在白色甲油
部位。

④

◎黑色不但不会显得沉闷，反而更适合打造奢华的造型，只要在黑色上配以各种颜色的亮片，提升炫酷的氛围。

**完成** ■ 七彩亮片散发光泽感

# 沉稳黑色与七彩亮片的混搭
# 营造霓虹般梦幻氛围

◎黑色可以打造沉稳的造型风格，粘贴上水钻提升奢华度。
◎七彩颜色的亮片，打破黑色的沉闷，增加了几分活泼气质。

| 美甲用品 |

a、黑色甲油
b、彩色亮片甲油

**造型技巧**

**涂底色**
1. 用黑色甲油均匀地在指甲上涂抹两遍。

**涂抹彩色亮片甲油**
2. 将彩色亮片甲油均匀地涂抹在指甲上。

**将颜色涂抹饱满**
3. 将彩色亮片甲油再涂一遍，使指甲饱满。

**涂抹透明亮油**
4. 将透明亮油均匀地涂抹在指甲上。

■ 绿色闪粉凸显简约风

# 荧光绿与银色的简约搭配
# 凸显亮丽的清新感

◎搭配银色、白色等色彩，可以最大限度地保留绿色自然清新的感觉。
◎闪粉的质地和光泽打破了绿色单一感，瞬间增添华丽元素。

| 美甲用品 |

a、荧光绿色甲油
b、银色闪粉甲油

**完成**

◎以清爽的绿色作为底色，边缘处配以同样清爽的银色闪粉，突出表现绿色带来的亮丽视觉感受。

**造型技巧**

**涂底色**
1. 用荧光绿色甲油均匀地涂抹指甲两遍。

**涂银色闪粉甲油**
2. 用银色闪粉甲油在指甲根部涂抹斜边。

**涂金色亮片甲油**
3. 在指甲前端斜向金色亮片甲油涂抹。

**点缀**
4. 将银色小星星亮片粘贴在指甲上做装饰。

基础造型之
## 美甲秘诀
# 03

几何格纹的出众效果
# 线条×格纹
# 的几何美甲造型

风格百搭是条纹和格纹成为
经典图案的重要原因，
选择不同的颜色组合，可以
打造不同的风格。

完成

◎淡雅的色彩绘制出细腻的
格纹，表现出来自校园的清
新气息。尝试更换线条的色
彩饱和度，可以做出叛逆的
感觉。

■ 经典格纹的大胆配色
## 黑色、粉色基调的几何格纹
## 凸显醒目的视觉反差

◎菱形格纹与黑色、桃粉色的靓丽底
色搭配，凸显华丽感。
◎用水钻或珍珠作装饰，呈现闪亮美
感，经典而不失个性。
◎黑色与粉色、蓝色，桃粉色与黑
色，在配色变换中强调对比效果。

a. 深粉色甲油
b. 黑色甲油

造型技巧

涂底色
1. 用深粉色甲油
均匀地在指甲上
涂抹两遍。

①

②

描格纹线
2. 用黑色细线笔
在指甲上画出菱
形格纹。

勾白线
3. 用白色细线笔
在黑色格纹中勾
画出白色格纹。

③

④

点缀
4. 将方钻或珍珠
粘贴在格纹周围
即可。

基础技巧

只用一种颜色
画格纹，容易显得
单调，用黑色或粉
色勾完线条后，
再用白色沿线条内
侧描画，使菱形纹
理更饱满、立体而
富有张力。

完成

## 条纹凸显轻快感
# 多彩的简洁感竖条纹
# 打造俏皮可爱风格

| 美甲用品 |

◎条纹在绘画过程中要求执笔平稳，只要用心就可以描画出笔直线条。

◎要格外注重线条色彩的搭配，同色系或者撞色都可以营造协调氛围。

a、白色漆光甲油
b、磨砂蓝色甲油

◎条纹是永不磨灭的经典花色，简单的颜色，简洁的图案，淡淡的光泽，就会带来无限的轻快感觉。

### 造型技巧

**涂底色**
1.用粉色甲油均匀地在指甲上涂抹两遍。

**描画白线**
2.用白色甲油在指甲上均匀地刷出宽线条。

**描画黑线**
3.用黑色细线笔仔细描画出直线线条。

**描画蓝线**
4.用蓝色细线笔在另一侧同样描画直线。

---

## 打造简约的华美
# 金线与沉稳的双色组合
# 彰显高贵、复古气质

| 美甲用品 |

完成

◎金色线条既有装饰感，又可以遮挡双色甲油过渡处不平直的问题。

◎绿松石和金色铆钉的点缀，使整体造型充满浓浓的异国情调。

a、深棕咖色甲油
b、黑色甲油

### 造型技巧

**涂棕咖色甲油**
1.用深棕咖色甲油均匀地涂抹指甲1/2处。

**涂黑色甲油**
2.用黑色甲油均匀地涂抹剩余的指甲。

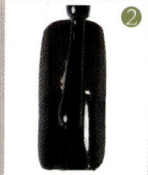

**勾勒金线**
3.将金色线条粘贴在指甲颜色交界处作装饰。

**点缀**
4.将金色铆钉粘贴在指甲中心做点缀。

◎代表成熟的深棕色、黑色与金色，与赋有波西米亚风格的蓝色松石与菱形宝石，展现出不凡的高贵气质。

169

基础造型之
**美甲秘诀**
**04**

优雅与闪亮的搭配
# 法式×闪钻
# 的华丽造型

法式是经典美甲造
型，关键在于搭配
好拼接的颜色，
水钻的点缀为优雅
的法式造型增添了
华丽感。

完成

◎蓝色和紫色带有独特工艺
的磨砂甲油细致涂抹，配合
仿佛雪花般的细致颗粒，成
熟气息悦动指尖。

■ 磨砂蓝彰显华丽感
## 闪亮深色调与几何线条
## 巧妙搭配，凸显成熟

◎注入闪粉的浓郁深蓝色与紫色，轻
松带出成熟韵味。
◎经典的法式配以十字、斜纹、竖条
的黑色线条，个性十足。
◎深沉蓝色配以磨砂表面，突显出甲
片的高级奢华质感。

a、白色漆光甲油
b、磨砂蓝色甲油

## 造型技巧

**涂底色**
1. 用磨砂蓝色甲
油在指甲上涂抹
两遍打底。

❶

❷

**描画白色法式**
2. 用白色甲油在
指甲前端涂抹出
法式效果。

**描格纹线**
3. 用黑色细线笔
在法式上勾出十
字架造型。

❸

❹

**点缀**
4. 将蓝绿色的水
钻粘在十字架中
心。蓝色小钢珠
粘在法式边缘。

■ 基础技巧

法式美甲的弧度不好掌
握，可以用一条双眼皮胶带调
整弧度贴在指甲上，并填满指
尖，做出明显界线。

◎黑色与金色搭配起来，总给人高贵典雅的印象，在美加造型当中画出优雅的弧度，搭配黑色醒目的花朵造型，奢华宫廷感立即呈现。

**完成**

■ 黑色与金色闪粉的结合

# 深沉黑色与高贵金色完美结合，尽显奢华感

◎黑色与金色的完美组合，演绎如宫廷般的典雅和奢华气质。
◎钻饰的点缀提升了造型的存在感，为整体甲片增添的立体元素。

| 美甲用品 |

a、黑色甲油
b、金色闪粉甲油

**造型技巧**

 ❶
 ❷

**涂底色**
1.用黑色甲油均匀地在指甲上涂抹两遍。

**描画金色法式**
2.用金色亮粉甲油在指甲上涂抹法式边。

**粘贴金色水钻**
3.将金色水钻粘贴在法式边上。

**点缀**
4.将各色水钻粘贴在指甲上做点缀。完成。

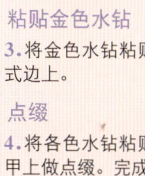 ❸

 ❹

■ 高饱和度的亮色组合

# 明亮黄色与桃粉色协调碰撞，演绎阳光感

◎同为暖色系亮色的大胆撞色组合，带来浓浓的阳光气息。
◎铆钉、水钻以及小熊等可爱图案的加入，加强了造型的青春味道。

| 美甲用品 |

a、黄色甲油
b、艳粉色甲油

**完成**

**造型技巧**

 ❶
 ❷

**涂底色**
1.将艳粉色甲油均匀地在指甲上涂抹两遍。

**描画黄色法式**
2.用黄色甲油做出法式效果，勾上银线边。

**粘贴粉色铆钉**
3.在黄色的法式区域粘贴粉色的铆钉。

**点缀**
4.将金色小熊粘贴在指甲根部做装饰。

 ❸
 ❹

◎采用色彩饱和度极高的搭配，碰撞出甜美与俏皮的混合气息，局部点缀水钻和铆钉以及其他可爱图案，打造跳跃感十足的造型。

**完成**

### ■ 经典中散发出清爽感
# 五彩法式与透明水钻
# 简单组合，提升清爽感

◎纯净的白色与萤光感五彩色的简单结合，塑造出明快的跳跃感。
◎搭配原色钻饰，既增添了立体感，又保持了色彩的清爽感。

|美甲用品|

a、白色甲油
b、橘色甲油

**造型技巧**

**涂底色**
1.用白色甲油均匀地在指甲上涂抹两遍。

**描画橘色法式**
2.用橘色甲油在指甲上画出法式边，并画出银色细线条。

**勾勒银线**
3.用银色细线笔在法式边上勾画线条。

**粘贴水钻**
4.用镊子将水钻粘贴在指甲上做点缀。

◎跳跃的色彩与原色钻饰的简单搭配，也能充分营造出清爽感觉，在亮色造型中，钻饰颜色的选择应倾向于原色，避免出现杂乱之感。

### ■ 蓝与白的搭配清爽宜人
# 海军蓝与七彩亮片
# 自然融合，演绎度假风

|美甲用品|

◎蓝色与白色的搭配带来清凉之感，是很适合夏天的甲片造型。
◎点缀上带有珍珠光泽的七彩亮片，瞬间提升浓浓的海边情调。

a、淡蓝色甲油
b、白色甲油

**造型技巧**

**涂底色**
1.用白色甲油均匀地在指甲上涂抹两遍。

**涂抹淡蓝色法式**
2.用淡蓝色甲油在指甲上涂抹出法式效果。

**粘贴七彩亮片**
3.将七彩亮片粘贴在法式边上。

**粘贴银色亮片**
4.将银色小亮片粘贴在指甲的根部。

**完成**

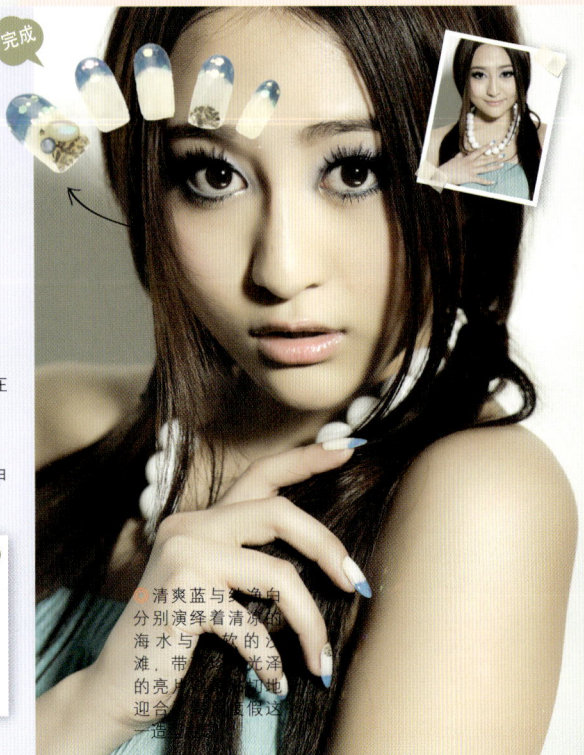

◎清爽蓝与金色，分别演绎着清凉的海水与温软的沙滩，带着珍珠光泽的亮片，恰到好处地迎合了度假这一造型主题。

## 基础造型之
# 美甲秘诀
## 05

完成

### 提升立体感
# 贴钻×贴花
# 的立体美甲造型

贴花使造型具有存在感，是
提升立体效果的首选，
钻饰常配合贴花一起出现，
为造型增加亮点。

◎舞动的粉红色飘带和精巧
的玫瑰花朵将甜美的气质演
绎得淋漓尽致，五指粉红条
纹的方向不要一致，避免出
现呆板感。

**精巧可爱的立体花团**

## 粉红色带与立体花朵
## 美妙搭配，凸显甜美感

◎根据指甲大小提前设计好贴花的位
置，更不容易出错。
◎将大、小贴花较为紧密地粘贴在一
起，可以凸显花团锦簇的精致感。
◎水钻的适当点缀打破甲片的单调质
感，突显出色泽上的亮点。

| 美甲用品 /

a. 白色甲油
b. 粉色甲油

**造型技巧**

**涂底色**
1. 用白色甲油均
匀地在指甲上涂
抹两遍。

①

②

**涂抹粉色法式**
2. 用粉色甲油在
指甲上涂抹斜法
式边。

**勾银线**
3. 用银色细线笔
在指甲上仔细画
出线条。

③

④

**点缀**
4. 用镊子将水钻
粘贴在指甲上进
行点缀。

**基础技巧**

甲油的颜色一
定要与你选择的贴
花的颜色相协调，
而且要根据自己指
甲的大小设计好贴
画的位置，然后在
甲油未干透前快速
贴到指甲上。

## 水果贴片带来甜蜜感
# 彩色亮片与水果造型
# 巧妙结合，提升新鲜感

◎水果装饰片不要太过分散，最好几种水果紧凑粘贴。
◎甲片上要适度留白，看上去会更加轻盈透气。

| 美甲用品 |
a、透明甲油
b、蓝色亮片

### 造型技巧

**涂抹绿色亮片**
1.用透明甲油蘸取绿色小亮片并涂抹在指甲根部位置。

**涂抹蓝色亮片**
2.蘸取蓝色小亮片并涂抹在指甲的前端处。

**粘贴彩色水钻**
3.将水果贴片和彩色水钻粘贴在指甲上。

**雕刻草莓造型**
4.用水晶粉在甲面雕出草莓造型图案。

完成

◎多彩的水果造型瞬间唤醒甲片的活力，用冷色调的亮片打造闪亮星颗粒质感的甲底，带来仿佛沙冰般的清凉感觉。

## 透明水钻带来的晶莹感
# 艳丽粉色与超炫水钻
# 华丽组合，释放娇媚感

| 美甲用品 |

◎以鲜艳的粉色作为底色，更加衬托钻饰的晶莹色泽。
◎水钻较为紧密地进行粘贴，更加提升造型的华丽感。

a、艳粉色甲油
b、贝壳闪片甲油

### 造型技巧

**涂底油**
1.用艳粉色甲油均匀地在指甲上涂抹两遍。

**涂银色亮片甲油**
2.在指甲根部均匀涂抹银色亮片甲油。

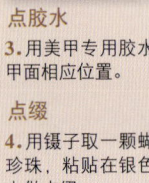

**点胶水**
3.用美甲专用胶水点在甲面相应位置。

**点缀**
4.用镊子取一颗蝴蝶型珍珠，粘贴在银色亮片上做点缀。

完成

◎选用糖果般的艳粉色甲油作为底色，最适合衬托白皙的肤色，如果指甲长度较短，可以省略涂抹银色亮片的步骤。

**完成**

◎贴片集中粘贴在甲片的底端是这款水果甲片的特点所在，保留前端的空白处，增加透气感的同时，也较多地保留了法式的韵味。

### ■ 法式也可以很俏皮
# 法式造型搭配甜蜜水果
# 彰显优雅的俏皮感

| 美甲用品 |

◎水果造型集中贴于甲片的底端，上部分保持空白。
◎白色与粉色的边界处不必过于平直，营造出奶油的流淌般感。

a、白色甲油
b、淡粉色甲油

### 造型技巧

**涂底色**
1.将淡粉色甲油均匀地在指甲上涂抹两遍。

**涂抹白色甲油**
2.用白色甲油均匀涂抹指甲前端的1/2部位。

**粘贴水果造型饰品**
3.镊取水果造型的饰品粘贴在指甲上。

**点缀**
4.将水钻与其他饰品粘贴在指甲上做点缀。

### ■ 立体的糖果惹人注目
# 奶油白色与甜点糖果
# 自然结合，营造甜蜜感

| 美甲用品 |

◎用白色甲油打造如奶油般的底色，使造型更贴合主题。
◎造型逼真的甜点与糖果贴片，营造垂涎欲滴的甜蜜感。

a、白色甲油
b、透明甲油

### 造型技巧

**涂底油**
1.用白色甲油均匀地在指甲上涂抹两遍。

**粘贴水果造型饰品**
2.用镊子将糖果造型饰品粘贴在指甲上。

**粘贴雪糕造型饰品**
3.将粉色雪糕造型饰品粘贴在指甲上。

**粘贴白色水钻**
4.在空余的地方用白色水钻做点缀。

**完成**

◎独特的贴片造型仿佛真的将甜点与糖果都带在了指尖上，甲片底色选择白色，仿佛香甜的奶油，使整体造型更加贴合主题。

## 5分钟自然甜美大变身
# 蕾丝×渐变
# 的华丽美甲造型

蕾丝的镂空质感瞬间赋予了甲片神秘气息，渐变效果营造水彩意境，丰富了色彩的层次感。

完成

◎蕾丝柔软的材质和镂空的花纹为甲片平添了层次感和神秘气息，粉色搭配黑色蕾丝，用浪漫的玫瑰花朵做装饰，性感中流落出一丝甜美。

### 基础技巧

粘贴前要根据指甲的大小将蕾丝尽量剪成小块，小面积的蕾丝可以更方便地夹取额粘贴，要在底层甲油未干透时粘贴蕾丝，否则会使蕾丝不能牢固附着。

### ■ 黑色蕾丝提升性感印象
## 黑色蕾丝搭配立体花朵，
## 性感中流露甜美印象

◎蕾丝相对柔软的材质丰富了甲片造型的质感。
◎黑色的镂空花纹添加了神秘气息和色彩的层次感。
◎立体的花朵造型贴片打破了平面化的造型。

| 美甲用品

a、淡粉色甲油
b、银色亮粉甲油

### 造型技巧

**涂底色**
1. 用淡粉色甲油均匀地在指甲上涂抹两遍。

① ②

**涂抹亮粉甲油**
2. 将银色亮粉甲油均匀涂抹在指甲上。

**粘贴蕾丝**
3. 用镊子将黑色的蕾丝粘贴在指甲上。

③ ④

**点缀**
4. 将银色小钢珠及玫瑰花粘贴在指甲上。

完成

### ■ 带来水彩画的晕染感
# 湖蓝、明黄与嫩粉
# 混合渐变，塑造清新感

◎湖蓝、明黄与嫩粉三色，通过晕染技法呈现得十分和谐。
◎海绵是打造渐变色的必备工具。

| 美甲用品 |

a、黄色甲油
b、淡蓝色甲油

◎用渐变的晕染手法，三种颜色既呈现出对比感，又毫无突兀之感。点缀的水钻如晶莹剔透的露水，进一步提升清新的感觉。

**造型技巧**

 ❶
 ❷

**涂底色**
1.用黄色甲油均匀地在指甲上涂抹两遍。

**涂抹淡蓝色甲油**
2.用淡蓝色甲油涂抹在指甲前端处。

**晕染**
3.用海绵将淡蓝色甲油蘸出晕染效果。

 ❸
 ❹

**点缀**
4.将粉色大号水钻粘贴在指甲上做点缀。

---

### ■ 精巧的蕾丝花边
# 白色蕾丝与闪钻
# 层次组合，展现浪漫感

| 美甲用品 |

◎蕾丝的曼妙和钻饰的闪亮相融合，表现梦幻的浪漫色彩。
◎白色蕾丝的镂空质感，将粉色变色朦胧而淡雅。

a、淡粉色甲油
b、透明甲油

完成

**造型技巧**

 ❶
 ❷

**涂底色**
1.将淡粉色甲油均匀地在指甲上涂抹两遍。

**涂抹透明亮粉甲油**
2.将透明亮粉甲油均匀涂抹在指甲上。

**粘贴蕾丝边**
3.将蕾丝边粘贴在指甲上并修剪多余蕾丝。

**点缀**
4.将中号彩色水钻粘贴在蕾丝的边缘与指甲两侧做点缀。

 ❸
 ❹

◎白色蕾丝是表现温柔浪漫的最佳元素，运用可爱的粉色系，加上心形、玫瑰花这样的元素做搭配，浪漫感立刻跃然于眼线。

基础造型之

## 美甲秘诀

# 07

## 图案和色彩营造缤纷造型
# 图案×色彩
# 的经典美甲造型

精致的图案和细腻的笔触瞬间提升甲片的艺术质感，图案不需要过于复杂，简单有特点的花纹更显利落。

◎不规则的柔和线条加上清爽的蓝白色对比让整副指甲散发出浓浓的海洋气息，以闪钻、贝壳光泽的亮片和金属链条做点缀，使整体造型更贴合水手风。

**完成**

### 经典帅气的海军风
## 柔和线条搭配蓝白色调
## 演绎柔美海军风

◎蓝色与白色相间的条纹，是打造海军风的标准色彩和图案。
◎将蓝白横条纹改变成曲线状，增添了一丝柔美的风情。
◎红色亮片和水钻柔化了海军风的中性感，造型更加甜美起来。

*美甲用品*

a. 白色甲油
b. 深蓝色甲油

### 基础技巧

如果用甲油的平头刷很难刷出柔和感的线条和其他精细图案，可以先用尖头的彩绘刷描绘出线条和图案轮廓，再用平头刷进行填涂。

### 造型技巧

**涂底色**
1. 用深蓝色甲油均匀地在指甲上涂抹两遍。

①　②

**描画白色线条**
2. 用白色细线笔在蓝色部分仔细画出线条。

**粘贴亮片**
3. 将银色和红色的亮片粘贴在指甲前端。

③　④

**点缀**
4. 将星星与水钻粘贴在指甲上做点缀。

完成

## 吸引视线的个性造型
# 波点与水钻的
# 混合搭配，营造复古风

◎黑色、白色和粉色的色彩搭配酷感
十足却又不失女孩气。
◎复杂的几何图形组合，镶嵌上大颗
的水钻，个性十足。

|美甲用品|

a、白色细线笔
b、黑色甲油

### 造型技巧

**涂底色**
1.用黑色甲油均匀地在
指甲上涂抹两遍。

**描画粉色法式**
2.用粉色甲油在指甲上
画出变异法式。

**描画圆点造型**
3.用白色细线笔在指甲
上画出圆点造型。

**点缀**
4.将白色方形水钻粘贴
在法式边上做点缀。

◎每个甲片上
都选用了不同
的色彩，再加
入复古感的黑
色线条和波
点，是一款设
计感极强的美
甲作品。

## 豹纹演绎出的张扬野性
# 金色与棕色打造的经典豹纹，
# 彰显野性魅力

◎金色、棕色和黑色是最经典的豹纹
图案色彩。
◎豹纹的色彩可以更具理想的风格加
以改变。

|美甲用品|

a、金色甲油
b、棕色甲油

完成

◎充满神秘印象
的豹纹一向是表
现狂野主题的不
二元素，制作时
可以将豹纹色彩
改变成各种糖果
色，体现女性更
加甜美、娇俏的
一面。

### 造型技巧

**涂底色**
1.用金色甲油均匀地在
指甲上涂抹两遍。

**描画豹点图案**
2.用棕色甲油在指甲上
画出豹点图案。

**勾黑线**
3.用黑色细线笔在指甲
上勾勒出豹点边缘。

**涂抹透明亮油**
4.将透明亮油均匀涂抹
在指甲上。

基础造型之
**美甲秘诀**
**08**

绘画般浓浓的艺术气息
# 彩绘×雕花
# 的精致美甲造型

在甲片上描绘的各种花纹衬
托出甲片的艺术感，
雕花中色彩搭配和细腻的雕
刻手法是关键所在。

完成

◎如糖果一般的缤纷色彩，
在拼凑下变成富有跳跃感的
抽象图案，纯净的底色将多
彩的图案烘托得更加亮眼。

■ **富有跳跃感的彩色图案**
## 白色与多彩心形图案
## 美妙组合，尽显艺术风

◎如何进行色彩的组合，是设计多彩
色块主题图案的关键所在。
◎不需要亮片和水钻的装饰，仅靠色
彩的碰撞一样赢得目光的聚焦。
◎白色的底色可以更好地衬托出彩色
的饱和度和鲜艳感。

**基础技巧**

　　将图案用黑色线框进行
勾勒，使轮廓更加清晰，凸
显出图案的存在感，同时也
更具有艺术气息。

a、淡粉色甲油
b、桃粉色甲油

**造型技巧**

**涂底色**
1. 用淡粉色甲
均匀地在指甲
涂抹两遍。

❶

❷

**描画桃心造型**
2. 用白色的丙烯
颜料仔细地勾画
出桃心造型。

**描画彩色图案**
3. 用不同颜色的
甲油分别画出彩
色图案。

❸

❹

**描边线**
4. 用黑色细线笔
在指甲上勾画直
线边缘。

完成

## ■ 深沉色演绎典雅风

# 浓郁蓝灰搭配柔美感曲线色
# 尽显夜色般魅惑感

◎蓝色的底色和灰色的妖娆曲线的搭配上演了如深夜般的魅惑情色。

◎亮片的巧妙点缀为甲片注入了梦幻的色彩，贴合主题。

| 美甲用品 |

a、深蓝色甲油
b、银色闪粉细线笔

**造型技巧**

**涂底色**
**1.** 用蓝色甲油均匀地在指甲上涂抹两遍。

**描画线条**
**2.** 用银色闪粉细线笔在指甲上画出线条。

**粘贴蓝色亮片**
**3.** 取几个蓝色亮片，零散粘贴在指甲上。

**点缀**
**4.** 取蓝色水钻粘贴在指甲上做点缀。

◎在浓郁的蓝色上用灰色、黑色、绿色描画出极具柔美感的曲线，没有过多夸张的元素，深沉的色调衬托出出沉静典雅气质。

## ■ 浮雕的浪漫质感

# 渐变感底色搭配各色雕花
# 打造复古浪漫感

◎雕花时注意水晶粉与水晶液的调和比例，水不宜过多。

◎取粉时，应用蘸有水晶液的笔尖竖立点粉，切记反复蘸取。

| 美甲用品 |

a、粉色亮片水晶粉
b、透明甲油

完成

**造型技巧**

**涂粉色亮片水晶粉**
**1.** 用粉色亮片水晶粉涂抹出渐变效果。

**涂银色亮片水晶粉**
**2.** 将银色亮片水晶粉铺在指甲的前端。

**涂黑色亮片水晶粉**
**3.** 用黑色亮片水晶粉做出渐变的效果。

**雕出花朵造型**
**4.** 用雕花粉雕出花朵造型，并用勾线笔勾出金色的线条。

◎融合了诸多抢眼的元素，采用各色的水晶粉，并运用雕刻手法打造出多层次的复杂构图，塑造出豪华的精致造型。

181

## 涂抹与卸除
# 关于甲油的基本技法

美甲可以使手部印象更加突出个性化，提升整体造型的完美度。

但是由于甲油的质量残次不齐，从涂抹、卸除、及选择、存放，每个环节都直接影响效果，细节把握，是避免指甲受损的关键。

■ 甲油的基本分类
# 5类常见甲油的使用特点与基本用法

◎甲油涂于指甲后在甲面所形成薄膜，即可保护指甲，又赋予指甲一种美感。

◎甲油中含多种化学成分，停留在指甲表面易影响健康，因此不要长时间涂甲油，浅色甲油最好在7天内清除，深色甲油应在3天内清除。

/ 甲油分类 /

### 甲油
**甲油一般分普通型和速干型**
◎深色甲油：一次涂的甲油量不宜过多，否则会显得厚重。每遍涂薄一些，多涂两遍，效果会更好。
◎淡色甲油：粉色等淡色甲油使用不当很容易涂抹不均匀，在涂第一层时，需注意甲油的蘸取量和甲油刷的倾斜度，并在第一层未干时尽快涂第二层，以确保均匀且表面光滑。
◎珠光甲油易干：珠光甲油易干，用刷头蘸取稍多的甲油，尽快涂好。为了避免涂抹不匀，要直立使用刷头。
◎选购时将甲油瓶的毛刷取出，确认甲油顺着毛刷流动得是否流畅，如果流动很慢，表明甲油太浓稠，不容易涂均。

↑透明甲油　↑闪粉甲油　↑珠光甲油

### 亮油
**亮油一般分普通型和UV型**
◎亮油作为护甲的最后一步，涂在干燥后的指甲油上面，起到防止彩色的甲油脱落，并加强指甲的光泽的功效。如做水晶甲后，要使用防黄、防UV的亮油。

### 底油
**有加钙底油和蛋白质底油、保湿底油等**
◎将指甲抛光后上底油。应根据指甲质地来选择底油，如指甲较软可用加钙油。在涂甲油之前上底油，可防止指甲变黄，并起到营养指甲的作用。专业美甲在涂甲油前，需涂上底油来保护指甲、平滑甲面。

### 营养油
**也叫按摩油或甲缘油**
◎取少量按摩油涂在修剪过的指皮周围，并用指腹稍加按摩。能滋润干燥的指皮，防止指甲周围长小肉刺，使手部皮肤更加柔软。同时保护指甲健康，呈现自然亮泽。营养油可以每天使用，但用量不宜太多，否则会显得太过油腻。

### 软化剂
**一种乳白色的液体，可加速软化程度**
◎用浸泡过的毛巾擦干手，将软化剂均匀地涂在指甲表面上。尽量不要将软化剂涂在甲盖上，以免甲盖被软化。

甲油的基本涂抹
# 打造均匀、持久美甲的甲油涂抹方法

◎正确掌握涂抹甲油的方法，注重细节处理与涂抹的步骤。
◎由中部至两侧的分区涂抹，并使甲油更持久，不易脱落。

选择要点

| 肤色偏深 | ◎选择深一点的颜色可以衬托肤色，用浅色就会愈显肤色暗了。 |
| --- | --- |
| 肤质粗糙 | ◎适合选择比肤色略深的漆光甲油，珠光甲油会使手部肤质看起来更明显。 |
| 手指偏短 | ◎避免使用明黄、黑等颜色。适合不透明的甲油。 |

**美甲技巧**

## 修整
### 打磨、涂抹底油
1.先将双手洗净后用无棉絮毛巾擦拭干净。2.用锉条将指甲修出适合的形状。3.将底油均匀地涂抹在指甲表面，对甲面进行保护，同时便于上色。

## 涂抹
### 涂抹指甲前端
4.蘸取少量甲油，将刷头在瓶口抹一下，去除多余甲油，呈窄条状涂抹指甲的前端。5.用刷头先涂抹指甲尖的内侧边缘，避免前端脱色时明显。

## 涂抹
### 反复涂抹两遍
6.从指甲的中央部分涂起，涂抹时刷子要稍微放平，便于均匀着色。7.接着由根部向指甲尖分别涂抹指甲的左、右两侧，与中部的甲油衔接。8.均匀涂第二遍，使表面更平滑。

## 调整
### 去除多余甲油
9.涂完后，如甲油溢出，用棉签蘸取少量洗甲水，将多余的甲油仔细擦去。10.左、右两边多余的甲油全部除去，使轮廓更加整洁。最后，待甲油干燥后，再涂抹一层亮油，提升光泽并固色。

■ 甲油的基本卸除

# 彻底、不损伤指甲的卸除甲油方法

◎及时而彻底地卸除甲油，可以维持指甲健康，

◎但洗甲水对甲部也有一定损伤。掌握正确卸除甲油的步骤十分关键。

> 使用要点

| 存放 | ◎一般甲油的保存期限为两年，未开封的甲油可以保存三年左右，并避免阳光照射。<br>◎当指甲油呈黏状、干掉，或有颜色分离的现象，一般表明变质，尽量不要再使用。<br>◎用后瓶口要盖紧，避免里面的溶剂挥发掉，导致甲油会变稠浓。 |
|---|---|
| 使用 | ◎指甲表层有一层和牙齿表层釉质一样的物质，能保护其不被腐蚀。过于频繁地美甲，易损伤保护层，使指甲逐渐失去抵抗力。因此经常美甲会引起指甲断折，颜色发黄。 |
| 选择 | ◎一些美甲品含有挥发性溶剂，如酒精和甲醛，容易损失健康指甲所需的营养元素。另外，丙酮容易造成指甲变得脆弱易断裂，并在甲面形成一层白色雾状物。并且最好选用无丙酮成分的卸甲水。 |

## 美甲技巧

❶ ❷ ❸

### 覆盖
**洗甲水溶解甲油**

1.先用化妆棉蘸取适量的洗甲水。2.将化妆棉盖住整个指甲轻敷几秒钟。3.将轻轻擦试掉甲油。不要用力搓指甲。

### 擦拭
**用棉片擦拭甲油**

4.由指甲根部朝指甲尖方向一气擦净甲油。残留甲油的话，用干净的化妆棉蘸取少量洗甲水再擦拭一遍。5.用棉签蘸取适量的洗甲水。

❹ ❺

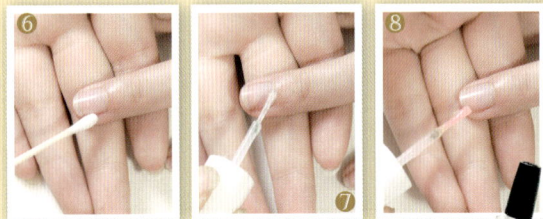

❻ ❼ ❽

### 护理
**涂抹营养油**

6.将棉签蘸洗甲水 擦净残留的甲油。7.在指甲边缘均匀涂上营养油。8.最后涂上加钙底油进行养护。短期内尽量避免再次涂抹甲油。

## 解决常见问题

# 经常容易遇到的美甲问题及快速解决方法

◎即使掌握了正确的美甲方法，也经常遇到起泡、表面不平整、甲油脱落等问题，通过简单的细节调整，就能加以避免。

◎睡觉前，手指温度会随体温上升，此时不宜涂甲油，否则容易造成甲油脱落。

### 基础造型之
# 美甲秘诀
# 10

## 消除常见烦恼
# 轻松美甲的成功秘诀

涂甲油时，局部易脱色，或因为方法不正确，出现起泡等小问题

美甲后指甲出现断裂等不同程度的受损

看似简单的细节处理，是避免涂抹不顺畅、指甲受损的必要环节。

**解决方法**

问：甲油的用量不多，但总会涂不平整，表面显得凹凸不平？

1. 涂甲尖部位时将刷头立起涂，可避免涂到皮肤上。
2. 甲油的用量不能过多，否则容易因涂抹过厚变得不平滑。
3. 重复涂甲油的次数不要过多，否则表面易不平整。

问：涂甲油时经常会出现小气泡，如何才能避免？

**解决方法**

1. 在甲油快干时，用指腹部位轻压甲面，可以排除涂抹甲油时形成的小气泡。
2. 指甲与甲油的温度有所差别，涂抹时易出现小气泡。在涂抹甲油前，用冰水瓶降低手指温度可以防止起泡。
3. 摇匀甲油时不要使劲晃动瓶子，应用双手夹住瓶子晃，避免夹杂小气泡。

**解决方法**

问：涂好的甲油没多久就脱落了，如何能更持久？

1. 涂抹在指甲前端的甲油，比较容易脱落。用含有亮片的甲油涂抹在指甲前端，可以轻松修补脱落部分。
2. 用吹风机快速吹干甲油的做法不可取，反而会导致甲油脱落。
3. 甲油使用后应用纸巾将瓶口快速擦拭干净再拧紧。存放时要避免阳光直射，否则易造成甲油变质，影响持久性。

### ■ 保持指甲健康

## 美甲同时，最大限度地减少指甲受损伤

◎美甲让指甲焕发动人光彩，但处理不当也很容易导致指甲被损伤。

◎抛光、卸甲油等，每个环节都要注重手法，尽可能避免受损。

### ＼洗甲水的使用／

#### 适度用洗甲水，彻底去除甲油，保持指甲健康

◎洗甲水要选不含丙酮的。如果搞不清成分，可以选择没有太大"香蕉水"味道的；另外，如果用后甲面上留有白色粉末状残渣，说明这个洗甲水含有大量丙酮，很伤指甲。

◎去除甲油时，棉片比棉球更能将洗甲水渗入到甲油中。

### ＼底油加强保护／

#### 底油是护甲的保护层，可有效隔离甲油

◎底油就像上妆前的隔离霜，不仅避免了指甲的天然油脂，让甲油过早剥落，也防止了彩色甲油造成颜色沉淀，直接损伤指甲的健康。

◎很多品牌的底油都含有营养成分，即使不涂指甲油，也可以涂上护甲底油加强指甲的韧性。

### ＼降低抛光磨损／

#### 抛光已不是必要步骤，轻微抛光能减少磨损

◎经常抛光会让指甲变薄、变脆弱，因此不能成为美甲的必须步骤。现在的指甲油都有平整甲面的功能，可以依赖指甲油而不是抛光磨砂棒。

◎对于表面不平整的指甲，可以用细腻的砂条稍抛一下，并用塑料泡沫的另一面进一步细抛光，将对指甲的磨损降至最低。

### ＼砂条的选择／

#### 选用粗细适中的砂条，修出平滑边缘不可忽视

◎修整指甲形状时，保证边缘平整光滑是展现完美造型的重要因素，砂条有粗细薄厚之分，选择180号粗细的砂条较合适。

◎使用过于粗糙的砂条虽然磨起来速度快，但是容易造成边缘修整不光滑，导致指甲边缘磨损，直接影响最终效果。

### ＼指甲长度的确定／

#### 指甲长短选择因人而异，适当的长度更美观

◎虽然较短的指甲显得整洁，太长的指甲会让人觉得拖沓。但还是要因人而异，如手指较短的话，那就合适长一点的指甲来做成修长的形状。

◎而对于关节较大的手指，就要避免留长指甲，看起来会显得更加突兀。

■ 修身造型搭配入门

# 简单变换的基础款 服饰搭配

◎服饰是影响整体造型感观的重要因素，若想使造型得到淋漓尽致的发挥，必须掌握服饰的色彩、材质等细节搭配技巧。

◎结合自己的身材特点、场合要求以及想要展现的风格气质，选择适宜的服饰是关键。

◎恰到好处地运用服装的色彩、材质以及廓形特点，不但可以修正、掩饰身材的不足，而且能强调突出自身优点。

## 搭配秘诀 01

### 成功搭配必修
## 3大基本的搭配法则

每个人的气质、喜好都有所不同，所以外在魅力的展现是没有局限的。

在借鉴一些搭配技巧的同时，逐步尝试并创造出属于自己的独特风格是目标。

灵活运用基础搭配常识，可以更轻松地塑造出充满自信的穿着品质。

### 以拉长身形为基准
## 可修饰轮廓的"I线条"

◎在确定衣服款式前，首先应该确定整体形象的基本轮廓。

◎从全身整体轮廓出发，更容易接近希望展现的形象。

### ■ 搭配原则

"I线条"强调身形纵向拉长的长方形轮廓

★确定整体造型的基本轮廓。整体线条轮廓可通过收紧腰身、宽松的裙裤下摆、肩部裸露等来调节，比较有代表性的是I、X、A这三种线条。

★其中"I线条"为搭配的重点，通过纵向拉长身形，显得身材更修长。

★"X线条"主要收紧腰身，能突出身体曲线，更显女人味。

★"Y线条"强调紧凑上半身与宽松下半身，能弱化丰腴的下半身轮廓。

### ■ 细节打理1

协调色调与款式自然强调"I线条"

★全身的搭配，用协调的色调呈现出"I线条"，强调纵长感，但同色的面积过大，容易使人感觉沉闷，上装搭配米色、有拉长效果的长款衬衫，下装选用与米色的灰色宽松长裤从色彩到轮廓统一成"I线条"。

### ■ 细节打理2

用对比色外套，强调出里层搭配的"I线条"

★浅色的外套与里层I线条完全相反的对比色，令全身的线条更鲜明、更有层次感，整体形象也更为紧致修长。

高腰设计 拉长下半身

纵向线条 使身形显修长

## 细节打理1

选择使自己的脸色亮一
些的颜色是基础

★每种颜色都有多种色调，既可艳丽，也
可暗沉。其中，高纯度的色彩有提亮效
果，接近白色的高明度色彩也具有同样的
作用。想令肌肤显得更透明，适宜选择高
明度的颜色。

## ■ 挑选适宜的颜色
# 获得**平衡效果**的配色

◎用各式服装来享受色彩时，提亮肤色、令
人赏心悦目是搭配的基本目标。
◎用多种花色搭配出独特风格会令人愉悦，
但首先掌握黑色、白色这些基础色的搭配方
法，效果好且简单易行。

## 细节打理2

暗色与亮色的搭配为着
装带来变化感

★选择颜色和肤色等有关，不能一
概而论。但基本上，选择鲜亮的色
彩时，最好只在上半身配一件艳色
单品，然后用鞋子等同色系配饰来
点缀、呼应，从而改善颜色过于突
出的感觉，取得色彩平衡。
★黑色、灰色等暗色调，给人以内
敛的个性效果，但为了避免整体色
调过于沉闷，可以尝试从下装开始
搭配；或选择暗色外衣，内搭亮色
底衫；在穿暗色上衣时，适当增加
白色等明亮的元素，获得平衡感。

**平衡色彩**
**呈现清爽感**

## 搭配原则

整体颜色越少，越能带
出清晰印象

★在不明确风格时，不超过三种颜
色的穿着最不易出错。
★全身色彩搭配比例避免1：1，尤
其是对比搭配，以3：2为宜。
★无彩色即黑色、白色、灰色是永
恒的搭配色，可以融入各种色彩
的组合中。以黄色为基调的暖色
系，适合搭配白色、黑色、驼色
等无彩色系。而以蓝色为基调的
冷色系，比较适合黑色、灰色的
无彩色，但要避免与驼色、咖啡
色搭配。

## ■ 富有变化的材质
# 提升质感的**面料配搭**

◎即使同一款式、相同色调的服装，也
会因面料的改变而直接影响整体美感。
◎面料不仅可以提升穿着的舒适性，还
能起到修饰体型，注入时尚感的作用。

## 细节打理1

柔度与硬度相结合，更
好地修饰身形

★身材高的话，可随意挑选衣料，但
衣料越厚重，身形也显得越往下垂。
所以穿着宽大厚重的面料时，可以用
在身体的局部，并搭配质地轻柔的面
料，避免厚重衣料的重叠。如对于
上轻下重的形体，宜选用质地柔软的
裙、裤，配合修身的裁剪来减弱下肢
的粗壮感。

## 搭配原则

用不同面料来弥补颜
色的单调性

★要想搭配好同色系的衣物，还需
要一些另外的技巧，即对不同面
料的使用。颜色、上下面料相同
的搭配，既无变化又无层次，给
人一种呆板的印象，如羊毛面料
套装，搭配普通材质的同色系打
底衫，看上去是一整块沉闷的颜
色，这样一来反而不能弱化体形
的缺点，所以需要从不同面料的
灵活搭配中来寻找灵感。

## 细节打理2

用不同质地来突出造型的
层次感

★如果必须穿着上下同色、同面料的套
装，特别是穿黑色等衣物时，可通过增
加皮包、饰品等小物件来展示不同风格
的造型，扩展黑色的时尚魅力。
★有光泽质感的外套和轻透的衬衫搭配
在一起，虽同为黑色，却富有层次感。
★给人硬朗印象的黑色皮夹克，应搭配
提升柔美感的下装。如轻盈的裙子与皮
革，可以形成鲜明的面料反差，令整体
形象不再生硬。

**不同质地叠穿**
**轻盈舒适**

189

基础造型之
**搭配秘诀**

# 02

## 1×1的简单着装
# 基础款式的
# 轻松乘法配搭

要穿出自己的风格，平时积累了
扎实的基本穿衣技巧，才能在实
操中得心应手。

当然，在经验基础上，想象力也
很有效，即使一直不想尝试的，
也不应该彻底放弃，即使是常规
衣服，也可以穿出品位。

### 谁都可以尝试
### 牛仔与休闲上衣的
### 本色组合，提升随意风格

◎最初人们选择牛仔装是看
重它的耐穿性，逐渐牛仔装
以其随意、休闲、时尚的特
点成为不败百搭品。

◎牛仔装具有很好的可塑
性，与不同服饰简单搭配就
可穿出返璞归真的气息。

牛仔背带裤

**增添甜美元素的
荷叶袖，平衡帅气感**

×

荷叶袖T恤

条纹T恤搭配背带裤装，打造
清爽休闲印象

★牛仔背带裤虽然给人男孩子的感觉，但可以
通过蕾丝花袖设计的上衣加以平衡，卷起裤脚
露出脚踝的小技巧让双腿显得更修长，纤细腰
带适当收拢腰线，分割出上下身的比例。

**蓬松短裙
使腿部显瘦长**

A字牛仔裙

×

镂空针织衫

蓬松A字裙制造细腿
的视觉效果

　蓬松短裙的宽松下摆可以完美遮盖大
腿赘肉，将视觉重点移到脚部，让脚踝
看上去更加纤细，达到美腿效果。橙色
的镂空针织罩衫营造适度露肤感，斜肩
穿法更凸显了性感的锁骨线条。

**亮色印花T恤
带出时尚感**

牛仔短裤

×

亮色印花T恤

明亮的糖果色消除
牛仔的单调感

★橙色和沉稳的朴素的基本款牛仔短裤搭
配，是相当常规的穿着，但明亮的颜色与时
尚花纹，与牛仔的呼应，带出新鲜感。将略
宽松的T恤扎在短裤中，凸显利落感的同时
让腰部位置提升，轻松打造高挑身材。

**随意中透出甜美**

# 轻盈材质与基本款的组合，注入清新

◎柔软、轻盈的材质最适合展现女性的柔美。

◎配合叠穿、富有变化感的图案、腰带装饰，为造型带来新鲜感。

◎巧即使搭配最普通的基本款，也可以呈现出穿着者的品位与独特气质。

**花纹装点简洁而不乏味**

复古图案上衣

✕

糖果色短裤

营造多样又统一的色调与协调氛围

★有趣的小马图案为衬衫带来复古活泼感，腰带的橘色和短裤的绿色都可以在上衣中找到呼应，色调既协调又不单调，将衬衫扎进短裤中突出腰线。提升身形的利落和高挑感。

**后摆很长的裙子更加有层叠感**

女人味斜摆长裙

✕

撞色感宽腰封

宽腰封自然衔接上下不同材质

★优雅后摆长裙使腿部线条更有魅力，搭配略有宽松感的摇滚风格T恤，营造柔美与帅气的混搭风，用有撞色感的宽腰封在稍稍偏高的位置进行装点，能够提升身材的高挑效果。

**单色配花纹获得整体平衡**

复古花纹收口裙

✕

橘色背心

素朴花纹与宽松款式也能体现个性

★上半身穿着简单的基础款背心，就要将重点放在下半身，稍微打破一下常规的组合，用富有变化感的花纹来注入微妙的感性。收口的下摆，使整体看上去更加紧致，腰部的同色系带点缀，随意又不适精致，素朴中透出个性。

**三色叠穿凸显层次效果**

质朴基本款的层叠穿搭效果出色

短款纯棉T恤

✕

白色短裤

★色彩的丰富对比为整体造型注入了立体感，上下的层叠搭配，不仅仅调整身材的比例，穿着也更有层次变化，视觉效果突出。

## 1×1的简单着装
# 纹理与图案
# 冲破常规款束缚

舒适的材质与清新的色彩，充分
演绎了女性的柔美印象。
利用材质与织法的变化，结合色
彩的碰撞，从视觉上将甜美与性
感巧妙结合。
款式简单的短款针织衫、长裙或
T恤，也可以穿出自己的味道。

**1**

■ 兼顾甜美与性感
## 钩花上衣与碎花裙
## 展现自然气息

◎展现女性气息的印花连衣
裙，其复古感和细部的设计
是突显品位的关键。
◎为了避免裙子的样式过于
单调，利用镂空上衣制造层
次感和差别感。
◎钩花上衣适度裸肤的通透
材质，若隐若现而微妙的将
甜味与辣味融合在一起。

加字加字加字加字加
字加字加字
★镂空的钩花上衣带来适度
的露肤效果，一改针织衫厚
重、古板的印象，裸露单肩
的不对称穿法是关键，搭配
具有古感花纹的长裙，实现
了颜色上的协调感。

碎花
突出浪漫味道

层叠蛋糕短裙
×
亮色网衫

宽松随意的款式，使
腿部显得更修长
★质感轻盈的雪纺裙可
以减轻臀部和大腿的重
量感，蓬松的廓形可以
实现美腿的效果。宽松
针织衫恰到好处的自然
垂在腰间，与层叠的小
碎花裙，展现出可爱小
性感。

复古色调
彰显品质感

复古及踝长裙
×
绿色罩衣

一点点露出为全身的
遮盖带出神秘感
★长及脚踝的雪纺裙拉长了下
身的比例，橘色与
绿色搭配出具有风韵感的复古风情，蓝绿色的镂
空上衣稳重却不沉闷，为整体造型做了色调上的
收敛，更能带来适度的成熟感。

米色与浅褐色统一
为协调柔和色调

古着感印花长裙
×
钩花上衣

192

■ 基础款的活力演绎

# 白色T恤与糖果色的搭配，呈现跳跃感

◎白色是用来搭配糖果色的保险色，可缓冲过于浓烈的色彩，基础款也可以变得与众不同。

◎为避免浓烈色彩与东方肤色的冲突，建议将鲜艳的颜色穿在下身，或作为饰品局部点缀。

## 清爽
## 而不失酷感

### 白色无袖T恤
×
### 糖果色迷你裙

利用图案和色彩的对比制造甜辣风格

★直筒版型的迷你裙既掩饰了身形的不足，又保留了活泼感，搭配带有个性骷髅图案的简洁T恤，甜辣风格尽显，上衣叠穿并适度露出里层色彩，增加了层次感。

## 上下身的配色
## 带出协调感

### 斜摆雪纺裙
×
### 灰色花柄T恤

同色系的呼应自然形成平衡效果

★无肩剪裁的敞口袖T恤很容易就穿出随意的效果，糖果绿色在白色的烘托下，也变得更有活力。选择与上衣花纹同色的细腰带收敛身形，搭配与短裤同色系的绿、白相间休闲鞋，轻松呈现出运动混搭风。

## 简单层搭
## 体现修长身形

### 无袖印花T恤
×
### 糖果色紧身裤

T恤的重叠穿着提升色彩的层次感

★几件衣服重叠穿在一起，很适合修饰出修长的身形，选择可以更好体现苗条身材的双层棉T恤，简单呈现层叠效果。不要选择袖子过于宽大或下摆肥大的上衣，下身再搭配下摆收紧、剪裁简单的紧身裤，就完成了塑身搭配。

## 利用腰带制造
## 出身材的曲线感

局部亮色打破保守T恤的单调感

### 白色印花T恤
×
### 糖果色宽腰带

★三角形组合的抽象图案赋予了白色T恤简约的时尚效果，腰带的蓝色突出但不突兀，很好地分割出上下身的黄金比例，使身材看起来更加高挑而具有曲线感。

## 提升层次感
# 万能色的
# 叠穿搭配术

黑、白的中间色调与任何色彩都能搭配。

黑色具有收缩效果，与其他颜色组合，如蓝黑、墨绿等，搭配得当就可以让身材看起来修长。

白色是很重要的中间色，但不管衣服款式如何，穿出质感，近距离看才能更有美感。

### 1
### 简单又个性十足
## 马甲与基础款的
## 叠穿，提升街头风格

◎款式各样的马甲是服饰中的基础单品，搭配起来简单而效果出色。

◎可以用来搭配长款上衣、T恤等，通过马甲来修身，并凸显一种帅气风范。

**休闲款牛仔马甲**

×

**水洗紧身牛仔**

长短层次搭配轻松修饰腰线

★选用同一色系的单品，用叠穿的方式，内搭与牛仔裤质感相近的深蓝色牛仔马甲，减少了全身浅色的面积，避免出现膨胀感，而马甲外侧的长款白色开衫更增添了造穿着的层次感与随意感，并遮掩住不满的腰胯部位。

**小面积深色
提升平衡效果**

**宫廷感灰色马甲**

×

**条纹T恤**

**灰色马甲
收拢出腰身线条**

条纹款上衣将视线集中到上半身

★白色T恤、条纹背心、灰色马甲叠搭，为视觉注入了跳跃感。条纹有助于上移视线，不规则下摆巧妙修饰髋部线条，灰色马甲减弱了横条纹的扩张感，收拢出腰部线条，马甲的包边与扣绊的黑色线条正好与条纹T恤呼应。

**黑色上下呼应
消除平庸**

**正装款黑色马甲**

×

**灰色短裤**

简洁中透出帅气的经典三色组合

★简洁的黑色马甲是修饰身形的主角，并为白色与灰色的上下搭配注入了时尚感。黑色皮靴与上身的黑色相呼应，避免了上身重、下身轻的不协调感。

## 简单用上衣修身
# 中性外套与基本款的搭配，个性十足

◎女性味十足的蕾丝荷叶裙、A字长裙，或凸显休闲感的字母T恤，试着搭配中性风格的夹克，缔造一种不协调的美感。

◎只用微妙的变化，将随意与修身组合在了一起。

### "I"线条
### 提升纵向感

黑灰休闲外套

×

白色蕾丝裙

甜美与酷感的对比
展现混搭风

★灰领拼接的黑色外套营造出帅气，与带有柔美荷叶边的白色裙搭配，塑造出使人显修长的"I"线条。上身内搭的休闲会马甲与罗马凉鞋相呼应，更有效地诠释了整体的帅气与时尚气息。

### 用短款黑夹克
### 提高腰线

黑色皮质夹克

×

条纹打底裤

用黑色提高腰部的线条，减少白色面积

★略显光泽的皮革上衣平衡了蕾丝上衣的甜腻感，光泽质感更适合突出时尚气息。短款的夹克设计轻松提高了腰线，避免了白色上衣的扩张感。花纹紧身裤为整体注入了几分甜美，平衡了黑白的单调感。

### 带出成熟印象
### 的中性风

短款西装外套

×

黑色七分裤

用1/4的白色比例强调平衡效果

### "A"线条
### 简单修饰下半身

军旅风格外套

×

及踝长裙

轻便而又修身的搭配甜而不腻

★横条纹长裙易显单调，用休闲外套增加层次感，很好地把握了甜辣的平衡感。紧凑的上半身与流畅宽松的下半身形成"A"线条，有效弱化了丰腴的下半身。配上马丁靴，更显休闲。

★西装外套与裤装的搭配融入了更多的男性服装符号，黑色七分裤的适度露肤打破了沉闷，内搭白色字母T恤，将视线上移，全身1/4的白色比例突出了平衡感。

基础造型之
**搭配秘诀**
**05**

## 质感的变化
# 素材与细节
# 的平衡搭配术

即使是简洁的基本款，加入一些变化，就能展现独特味道。
蕾丝、有垂感的牛仔，让整体造型散发出自然气息。
用细节打破常规的搭配，随意而不失精心。

**突破常规的细节**
### T恤与常规款的
### 组合，也能个性出挑

◎即使是日常的装扮，只要花一些心思，就可以不再乏味。
◎在T恤、牛仔裤的常规搭配上，增添个性化的面料与色彩。
◎保持与其他人穿出不同风格的挑战精神，才能表现出自己的风格与搭配的独到之处。

女性元素的加入瞬间突破了常规
★T恤和牛仔短裤的简单搭配休闲感十足，但着装的神奇就在于突破常规，稍微改变就可以将最基础的装扮变得与众不同。女性气息十足的蕾丝面料冲破了平凡，正是提升个性魅力的关键。

**蕾丝背心**
**是整体的点睛之处**

蕾丝背心
×
短款棉质T恤

**垂感面料**
**起到中和作用**

浅灰色长款开衫
×
圆领T恤

用有垂坠感的柔软面料提升女性味道
★白色圆领T恤和牛仔背心、短裤的常规搭配，醒目的图案更彰显个性，但为了平衡整体轮廓，外搭面料有垂坠感的长款开衫，从视觉上用柔和的质感避免整体显生硬。同时也可以自然修饰臀部轮廓，显得简练而洒脱。

**条纹下襟**
**平衡了视觉**

白色印花T恤
×
条纹背心

下摆自然露出的条纹元素呈现新鲜感
★层叠的穿法不仅可以提升整体的层次感，还可以借助色彩与局部剪裁，为着装带来新鲜的视觉效果。醒目的条纹只在T恤下摆露出少部分，不规则的剪裁避免了在臀部横向扩张，使下摆处显得十分轻盈。

■ 格调平衡的混搭
## 花纹小衬与素色混搭
## 或甜美、或帅气

◎素雅的碎花、格纹赋予造型清爽、甜美的气息。

◎但经过巧妙搭配后，就可以增添一些自己的个性，简洁而不平庸。

◎由于衬衫前襟、袖口与下摆富有变化，与简洁的基本款搭配也可以不俗。

**贴肤质感
自然而清新**

格纹雪纺衬衫裙
✕
牛仔马甲

素雅的色调与柔软质感突出女性气息

★格纹图案的成功关键在于搭配要简约，具有透视感的雪纺面料和不规则的荷叶形下摆使格纹摆脱了孩子气，一件修身剪裁的牛仔马甲修饰出曲线并增加了造型的层次感。

**袖口的褶皱
营造出甜美气息**

粉白格纹开衫
✕
灰色T恤

局部的深色收敛浅色的膨胀感

★带有甜美味道的衬衫，可以大胆与基础款来搭配，荷叶边的袖口褶皱，不经意地打破了款式的T恤与短裤的单调。灰色T恤很好地收敛了浅色的膨胀感。短裤的朴素颜色可以避免下半身过于显眼，上移视觉重点，提升高挑视觉。

甜美与帅气的结合带出新鲜感

★垂顺柔软的面料和素色碎花图案的上衣，外搭的白色蕾丝马甲丰富了层次感。搭配宽松的背带阔腿裤，将甜美与帅气结合在一起，取得上下的平衡感。整体的微宽松廓形，遮掩了下半身的不足之处。

**碎花与蕾丝
去掉了男性化氛围**

素色碎花上衣
✕
仿牛仔背带裤

**用白色蕾丝开衫
提升清爽感**

碎花连体裤
✕
白色蕾丝开衫

用洁净的白色避免大面积碎花的繁复感

★连体式碎花裤甜味十足，前襟与裤边地花边更突显了女性的柔美，但整体感觉过于单调。这时，搭配一件白色的蕾丝开衫，用清爽色调中和大面积碎花，提高整体的雅致氛围，突出了整洁感。

197

基础造型之
## 搭配秘诀
## 06

消除身材烦恼
# 上身：下身
# 的显高黄金比例

早已被学术界证明的黄金约等于3：4的比例，同样也能运用在服装搭配上。

最舒适的上、下身比例，其实就是最简单的长高秘诀。

身材娇小的女生，只要掌握比例搭配法，就能瞬间"长高"。

1 显高的黄金比例1
## 上身：下身为4：3
## 的模糊分界线法

◎几乎盖住臀部的上装长度从视觉上模糊了腰腿分界线。

◎只要收紧露出的腿部曲线就能带来高个错觉。

◎巧妙运用拼接、不规则的剪裁变化，修饰整体轮廓。

拼接连衣裙

✕

波点撞色

花色拼接
简洁而不失独特

拼接剪裁自然修饰出完美身材

★假两件的拼接设计营造出层次感，不经意间呈现上、下身的4:3的黄金比例，从视觉上拉长了身高，大胆使用复古波点和橘、粉两种色调的碰撞，足以吸引视线。

及臀长度
展现显瘦腿形

飞袖印花T恤

✕

黑色紧身裤

上装要选择宽松款式，掩藏腰胯线条

★几乎盖住臀部的上衣长度，从视觉上模糊了腰腿的分界线，只要收紧露出的腿部曲线，就能带来高个错觉。用胸前醒目的图案将视线焦点上移。

用不规则剪裁
消除横向感

不规则条纹上衣

✕

拉链短裙

上宽下窄的搭配平衡整体曲线

★拥有喇叭口和不规则下摆的上衣，将腰线自然修饰，欺起伏的衣襟弥补了横条纹的扩张感。配利落短裙，给整体曲线带来对比的错觉。这种方式不但有遮盖的作用，还有利于保持整体的平衡效果。

■ 显高的黄金比例2

## 上身：下身为3：4 的修长身形搭法

◎底通过搭配来提高腰线或收紧腰部轮廓，使上半身与下半身形成3：4的显高比例。

◎裙子可以选择较宽的款式，如A字裙、圆裙等，让上下身比例显得协调。

◎上衣要有紧身效果，或收进裤腰中，避免整体显得臃肿。

白色与黑色对比 呈现修长身材

宽松蝙蝠上衣

×

褶皱紧身裙

从腰部向下延伸的深色突显身材

★宽松上衣搭配紧身裙，上松下紧的廓形使身形自然收紧。黑色裙侧的褶皱自然修饰臀线。用同色的黑色打底袜将深色线条从腰部延伸至脚踝，呈现出修长的下半身线条。

衬衫下摆在腰部 打结突显腰线

碎花雪纺连衣裙

×

牛仔上衣

将衬衫的下摆简单系起，突出搭配的比例效果

★将牛仔上衣在腰间略高处打结，既可以提升腰部的线条，同时收紧腰身。与散摆式的下摆形成"x"廓形，轻松凸显曲线，碎花裙子运用深色的底色提升稳重感。

用A字蓬蓬裙 修饰下半身

双排扣白色T恤

×

黑色蓬蓬裙

收紧腰部的A字裙塑造修长下半身

★底A字裙可以使双腿更显细长，腰部用锯齿状的设计自然提高腰线。短款马甲也同时起到收紧腰围的作用。白色T恤前襟的装饰将视线上移。上衣要选择收身的款式，消除臃肿感。

简约的黑白组合 提升品质感

绕颈的V领白色上衣与黑色高腰裤形成对比

★白色上衣的绕颈V领设计充满优雅气息，锁骨处的褶皱提升了衣物的质感。黑色长裤的高腰设计拉长了下半身的比例，将上衣放入裤子中，营造出3：4的比例，身形贴合的裁剪也更加突出女性的曲线美。

绕颈丝质上衣

×

黑色高腰裤

## 身材更显修长
# 拉长身形的
# I、X、A线条

I型轮廓强调服装纵长的垂直线条，从视觉上拉长身材，清晰线条是简约风格的代表，通过局部的补色提升时尚气息。X型与A型不需要过多配饰，将线条自然扩展到下半身，隐藏臀部与腿部的问题。

### 简单的直线线条
## 小面积运用膨胀色
## 与纵长线条搭配

◎I型轮廓强调服装纵长的垂直线条，是简约风格的代表，从视觉上拉长身材。
◎不需要过多配饰，清晰的线条、简洁的搭配将上下一致的直线条塑造出完美造型。

深色窄身连衣裙
×
亮色包边细节

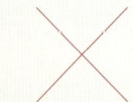

**局部亮色
打破深色沉闷感**

亮色的包边设计强调修长线条

★I形的窄身连衣裙将身体线条展现得纤瘦修长，小面积的亮色包边设计打破深蓝条纹的沉闷感，提升视觉冲击力，亮色腰带既作为点缀，又分割出上下身的完美比例。搭配同色的亮色背包，动感十足。

**色彩层次
使腰线上提**

彩色米字条纹背心
×
短款针织衫

长短、深浅搭配，起到上移视线的作用

★中部露出的艳色块，由于加入了斜条纹，可以起到模糊腰线的作用，搭配短款上衣，将视线上移。

**全身同色调搭配
I线条，强调纵长感**

黑色连体裤
×
红色腰封

宽腰封轻松提升腰线，拉长身材

★黑色的连体裤搭配红色的宽腰封，经典配色形成强烈视觉冲击，无论什么样的场合都轻松应对，最简单的I字形线条因为高腰廓形备显良好。

■ 轻快而不失造型感

# A字裙与基本款的搭配，修饰下半身

◎修饰腰、臀、大腿，简单有效地方法是通过A型、X型的着装技巧快速"隐藏"。

◎巧妙运用宽松的下摆或深浅搭配修饰身材，但要注意在搭配宽松款A字裙式，上衣要适当收紧。

**X型**
**收紧腰部线线条**

**宽松感上衣**

×

**散摆式蓬蓬裙**

极具可爱感又不失女人的曲线美

★上装的深浅搭配形成V字线条腰部，与散摆式的下装形成明显的X线条，曲线由此展现，及膝的黑色高筒袜呼应了短裙的色调，适度的露肤也消除了整体造型的沉闷感。

**A字裙**
**收细腿型**

**雪纺灯笼袖**

×

**A字散摆裙**

局部雪纺的拼接连衣裙告别平淡乏味

★袖子部分选用白色雪纺面料，打破了毛呢裙的平淡乏味，裙身的A字摆式设计能修饰下半身的不足之处，灯笼袖的设计混入了复古的风格。

**A字下摆裙**
**清爽又遮肉**

**休闲牛仔马甲**

×

**宽摆条纹长裙**

宽松随意中隐藏不足

★长至脚踝的条纹伞裙，柔软轻薄的面料带来宽松的廓形，作为外搭单品的牛仔马甲，以硬朗的材质增加了造型的层次感，漂白感的蓝色调与长裙协调一致。

**轻盈下摆**
**塑造柔美线条**

**层叠感薄纱裙**

×

**纯棉T恤**

色彩、材质和款式的和谐碰撞感

★薄纱裙的层叠感不规则下摆和露出腿部的透视感设计，突出了女性的甜美气质，混搭略带中性感的纯棉休闲上衣，无论从色彩还是从款式上，都形成强烈反差，时尚感倍增。

## 搭配基本法则

# 不同外形
# 的穿衣技巧

在一个可以照到全身的镜子面前，试着用他人的眼光来观察自己，个子高矮、胖瘦，气质优雅或甜美

不要用否定的态度去看待，而应利用某些缺点来展现自己的个性。在掌握基本穿衣法则的基础上，挑战如何穿得更舒适、更有魅力。

■ 展现个性魅力

## 身材与搭配1——
## 客观地认识自己的体型来打扮

◎对于外在的问题，美丽是无止境的。即使是公认体型完美的人，也会有或多或少有关身材的烦恼。

◎体型是个性的彰显，顺其自然的打扮才能突出魅力。先清楚地认识自己的体型，发现真实的自我，才能客观地去发现适合自己的东西，塑造出色的形象。

**强调纵向线条
塑造出清爽感觉**

■ 个子矮小、体型偏胖

★小个子应注重打造小巧的形象，但如果过多选择可爱的颜色或花边，反而会显得过于孩子气。搭配时要注意亮与暗的平衡，重点放在领口的处理，让颈部显得又细又长。在色彩搭配上要掌握两个要领，一是色调要柔和，应挑选素色和长条纹，避免过深、过浅或大花纹、宽条格，否则在视觉上会造成缩小感。二是适宜搭配色调相近的同一色系，反差太大、对比强烈都容易将身材局部化，更显矮小。搭配鞋、帽时不宜选择过于明显的色调，"两头扩大"、"中间"收缩，也会从视觉上显矮胖。用围巾或丝巾强调纵向的线条，或者搭配高4～5厘米的高跟鞋来弥补。

**用宽松裁剪与柔和质感
搭配出品质**

■ 个子矮小、体型纤细

★矮小瘦弱的体形适宜选择素色、小方格、无花纹的服装，大格了花纹会显得人更瘦。服装面料要光滑平整，特别是胸部较小的话，应穿着宽大剪裁、质地轻柔的上衣，提升品质感。 身材娇小者在穿扮时最大的困扰是下半身的穿着，上下身搭配不同颜色的衣服时，要注意比例，最好上浅下深，把注意力引向头部或肩部，全身色调相同或相近才能使身材显修长。裤子应选从臀部到裤脚宽窄相同的直线型，裤袋的开口以纵切线或斜切线来代替横切线。

**将粗壮感
汇集到纵线条上**

■ 身材高大而偏胖

★虽然个子高，也要把重点放在强调纵长线条上。可以将衬衫放进裤子中，并搭配马甲来提升纵线条。色调上不宜穿着颜色浅且鲜艳或大花格、横纹的服装，应选择深色、小花纹、直线纹，避免造成扩张感，且导致向横宽错视方面发展。 另外，上身色调深下身色调浅的色彩搭配，容易增加身体的不稳定感，使形体在视觉上显得更大。款式上要尽量避免繁复，要简洁明了。

## 提高腰线 使身材更显匀称

### ■ 上半身长，下半身短

★上半身与下半身的合理比例应该是4:6~3:7。腰的位置比较低，不宜在腰部制造出明显的线条感，如上衣可以选择不会突出腰部的裙式等长衫，再搭配马甲或短款开衫，即隐藏腰线，又利用层搭来修饰长衫，使上半身不会显长。用高腰裙、长裤来调整长度时，不宜穿色彩相差很大的上下装，全身色彩应谐调统一，以免将上身与下身截然分开。用胸前的褶皱、或有装饰性的领口来将视线上移，修饰不足。

## 提高腰线 使身材更显匀称

### ■ "H"型的偏胖身材

★这种体型上下身一般粗，腰身线条起伏不明显，整体上缺少曲线变化。可以通过颈围、臀部和下摆线上的色彩细节来转移对腰线注意的视线。如可用色彩对比强的直向条纹连衣裙，搭配一根深色宽皮带，由视觉差与凝聚感消除没有曲身的感觉。"H"体型中偏胖的人，胸围、腰围、臀围等横向宽度较大，穿着深V领或大领，用长披肩价格视线集中在领部，腰身也会显得纤细。全身细长的色彩能改变肥胖体态。

### ■ 消除局部烦恼

# 身材与搭配**2**——
# 用细节调整，提升穿着品位

◎大多数女性关于体型的烦恼主要集中在胸部、臀部、腿部这些问题上。

◎但是如果不喜欢哪里就用衣服来遮盖，即使是隐藏了缺点，看上去也会缺乏美感。隐藏并不等于要失去个性，上下身的搭配、色调的选择，要以实现有品位的实用性穿着为基准。

### ■ 臀部过小、腿偏细

★着装上，不宜选用暴露体型的紧身裙或紧身裤外，不适合选用深色面料的服饰，宜选用色彩素雅、式样宽松的长裤或有褶皱的裙子，使腿部显得丰满一些。

### ■ 臀部过大、腿偏粗

★对于这种体型，重点在于让下半身显长，尽量不要选用白色或强烈、鲜艳、暖色的服饰，也不宜穿上深下浅的服饰，色彩过浅过亮的裙子、裤子，用色太纯、太暖、太亮易使面积扩大。下身着装最好选择深色的直筒裤、裙子等简单款式，并搭配深色的长筒袜等，这样能使臀部显小，腿部显得纤细，并使人减少对腿部的注意。

### ■ 腿部过短，脚偏大

★不宜穿色彩相差很大的上下装，以免将上身与下身截然分开，从而看上去显得更短，全身服饰色彩应力求统一、谐调。脚大的话，尽量选择与服饰色彩相近的鞋袜，可使脚显小，不宜穿白色鞋袜，肉色或米色可以弱化偏大的脚型。

### ■ 胸部过小

★胸部过小或平胸，适合选用质地轻薄、飘垂，剪裁宽松的上衣，色调上宜淡不宜深、宜暖不宜冷，且不宜穿紧身衣。上装可以选择鲜艳一些的色调，使胸部显丰满些。

### ■ 胸部过大

★胸部过于丰满，宜穿深色、冷色，使胸部显紧致一些，而且上装款式不宜繁复，以避免视觉上显膨胀。实际上丰满有时会妨碍装扮，衬衫放到裤子外面时，从胸部最高处一直下垂到底，会显得很胖，应把要不适当收紧一下，使曲线更完美。

### ▉ 整体搭配技巧

## 魅力与搭配——
## 将缺点变优点，展现完美自我

◎既能用服装来展现自己的特点，又能用舒适合体的
着装给他人留下好印象，才能展现出品位。

◎把领口解开、用不敢尝试的蓝色来衬托纤细身形、
与内衣相搭配等，在掌握基本穿衣要领基础上，穿出
适合自己的装扮，才能避免大家都穿的一样的乏味。

**1**

### 从单品开始
### 明确目标后再集齐

### ▉ 从基本款开始收集

★服装种类繁多，不免让人眼花
缭乱，盲目收集只会让新购置的
衣物也无用武之地。从容易搭配
的基本款入手，去挑选与之搭配
的其他服饰，是很容易实现的方
法。如选购了一条及膝半身裙，
将其作为基本款，适合它的针织
上衣、紧身衬衫、夹克衫就自然
而然决定下来。衣服也好饰品也
好，即要选择"我喜欢的"，还
要选择"必要的"，明确目标后
再集齐，才能物尽其用。

**2**

### 放大优点
### 搭配更有效果

### ▉ 充分展现自己的优点

★每个人都有自己最满意的地方，脸
型好看、颈部漂亮、腿型完美等，发
现并充分发挥这些优点，打扮起来会
更加见效。如选择衣领开的很深的针
织衫或将衬衫最上方的纽扣解开，
露出锁骨，颈部会显得更纤长；将衬
衫的袖口卷起，露出漂亮的手腕；选
择有衣褶或褶缝的衬衫可以展现出自
身的女性魅力；用及膝的裙子搭配凉
鞋，遮住偏粗的大腿，而露出线条优
美的小腿和脚踝等等。

**3**

### 选择对外衣没有影响
### 的合身内衣

### ▉ 内衣影响整体效果

★白色外衣配白色内衣似乎很合
理，但会意外地更显眼，如果选
择与肤色融合的米色或肉色内
衣，穿浅色服装就不会透露秘
密。侧边开的很深的胸罩，搭配
无袖上衣等袖口开得深的衣服，
也不会露出胸罩。而要想拥有乳
沟，前开的胸罩是首选，穿戴时
也更容易调节。在穿着内裤或塑
身裤时，如果为了塑形而一直穿
小号的内裤，就容易使松紧带接
触的肌肤出现色素沉着，臀部的
赘肉也会被挤到大腿上难以恢
复，正确固定位置是非常重要
的。选择没有过多装饰、具有良
好支撑力与舒适性的内衣，就能
获得理想的塑身效果，又不会留
下痕迹。

**4**

### 黑色配米色
### 沉稳而不是女性魅力

### ▉ 提亮脸色的基础色

★色彩搭配可以结合自身特点来
选择适宜的颜色，色彩决定了整
体印象，在基础色彩中，黑色是
凸显个性的选择，但如果全身纯
黑的话，容易给人过于严肃的印
象，为了展现女性的独特魅力，
搭配米色效果会更好。米色兼顾
了柔和与沉稳，但如果全身都是
米色，也会使人印象模糊，米色
与黑色等深色的搭配，可以获得
平衡感。米色有各种各样的色
调，选择上衣时，应挑选使自己
的脸色亮一些的米色。